现代生猪生态养殖万州模式解析

骆世军　郭宗义　林　君　主编

中国农业科学技术出版社

图书在版编目（CIP）数据

现代生猪生态养殖万州模式解析 / 骆世军，郭宗义，林君主编 . -- 北京：中国农业科学技术出版社，2024.8. -- ISBN 978-7-5116-7011-3

Ⅰ . S828

中国国家版本馆 CIP 数据核字第 2024VP9318 号

责任编辑　周丽丽　崔改泵
责任校对　李向荣
责任印制　姜义伟　王思文

出 版 者	中国农业科学技术出版社
	北京市中关村南大街 12 号　　邮编：100081
电　　话	（010）82106638（编辑室）（010）82109702（发行部）
	（010）82109709（读者服务部）
网　　址	https://castp.caas.cn
经 销 者	各地新华书店
印 刷 者	北京建宏印刷有限公司
开　　本	170 mm×240 mm　1/16
印　　张	14.75
字　　数	240 千字
版　　次	2024 年 8 月第 1 版　2024 年 8 月第 1 次印刷
定　　价	128.00 元

◀━━━ 版权所有·侵权必究 ━━━▶

编写人员名单

顾　问	童　文　陈　蓉
主　编	骆世军　郭宗义　林　君
副主编	杜桂娇　闫修魁　李纪刚　张　威　张宇航
编写人员	马秀云　张传师　袁昌定　赖玉兰　程　鹏
	冉　玲　陈亚强　武秋申　周康康　吴春霞
	邹　瑶　张媛媛　姚淑华　吴　梅　胡　宇
	程　尚　何道领　朱　燕　邱进杰　柴　捷
	黄春华　韦艺媛　徐　锋　骆世媛　陈光国
	李宁波　童付云　娄银莹　罗　干　梁开阳
	姚　威　彭国丹　范祖阔　李文杰　何　航
	潘　军　郝永峰　谭　伟　黄德祥　黄　锐
	崔　俊　李春林　余远楠　张俊翔　余处勤
	王明静　刘雨欣　李玉楠　张　义　付钱良
	杨滨溢　张琳婧　彭　鹏　李超生　夏　宇
	袁　媛　张　彬　沈兴成　张　波　车嘉陵
	胡兰银　田友明

前言

重庆市万州区因"万川毕汇"而得名，地处重庆市东北部、三峡库区腹心，是国家优质商品猪战略保障基地，因三峡库区生态敏感，生猪养殖面临发展与环境保护的巨大压力。2018年万州区提出"产业生态化、生态产业化"，加快山地高效农业发展思路，运用生态学原理与现代养殖技术的融合，推进生猪产业发展，提出100万头生态猪养殖产业化项目，采用"公司＋村集体＋农户"经营方式，推行"碳钢网床＋益生菌＋异位发酵"生态养殖模式发展生态养猪。2019年，因非洲猪瘟疫情，生猪数量急剧减少，市场供应紧张，财政部办公厅、农业农村部办公厅出台"关于支持做好稳定生猪生产保障市场供应有关工作的通知"，中央有关部委也出台了相应的支持政策，国务院办公厅出台"关于稳定生猪生产促进转型升级的意见"，重庆市人民政府办公厅出台了"关于切实加强非洲猪瘟防控稳定生猪生产保障市场供应促进转型升级的实施意见"（渝府办发〔2019〕122号）。在此背景下，万州区加快了推进100万头生态猪养殖产业化项目步伐，出台《万州区鼓励村级集体经济组织和贫困户合作发展有机农业产业化建设项目扶持办法（试行）》的通知"，将产业发展与农民脱贫攻坚结合起来，明确了七大扶持政策，用3年时间新增生猪产能100万头，实现生猪养殖与环境保护之间的和谐共生。本书作者都亲身参与了万州区100万头生态猪产业化项目的设计、建设、管理工作，对现代生猪生态养殖万州模式进行了深入的研讨，总结、提炼其成功经验呈现给读者，以期给读者提供借鉴、参考。

生态养猪作为畜牧业的重要组成部分，通过运用生态学原理与现代养殖技术的融合，实现生猪养殖与环境保护之间的和谐共生，其核心理念在于合理利用资源、减少环境污染、提高养殖效率，进而推动生猪的健康养殖和可持续发展。本书主要是针对重庆市万州区在推进现代生猪生态养殖业发展呈现出的模式进行剖析，详细地介绍了万州区100万头生态猪养殖产业发展的顶层设计、建设标准、设备运用、养殖管理、废弃物综合利用等方面情况。顶层设计上重点是政府整合各部门资源，在政策、资金、金融、基础设施配套等层面多方位对产业支持，为生猪产业的发展搭好台子，做好后盾。养殖场在建设中根据用地条件因地制宜规划布局，设计标准一致，规范建设，设备配套完整；养殖管理上采取"公司+家庭农场"，统一饲养标准；废弃物综合利用采用"源头控水+粪尿全量收集+异位发酵"生产有机堆肥，建立了生物有机肥加工厂对有机堆肥进行深加工。打出一系列组合拳，走出了种养循环绿色发展路径。

生态养猪所倡导的是走可持续发展道路，是推动养猪业绿色转型的重要举措。我国养猪生产造成的环境污染和周边环境对养猪生产环境的影响在一些地区还很严重，畜产品安全已成为人们日常关心的话题。生态养猪是一个跨学科行业，涉及养猪学、动物营养学、环境卫生学、生物学与土壤肥料学、建筑学等多学科。它是以微生物技术为核心，通过对猪排泄物的科学处理，实行种养结合的良性循环的生态养猪系统工程。生态养猪可概括为"三省、两提、一增、零排放"，即省水、省料、省劳力；提高免疫力、提高猪肉品质；增加养殖效益；实现粪污零排放。因此，探索生态养猪发展模式，走与环境友好、资源合理利用的可持续发展之路，是养猪业自身以及人类社会可持续发展的生命力所在。

作者力求在本书中探索以养猪为核心的生态管理工程系统的建立，从政策导向、选址建场、布局、猪舍建造设计、工艺流程、生猪饲养、疫病防控、环境保护、技术支撑、产学研结合等方面解析生猪生态养殖整体系统。

作者对本书的篇章结构进行了合理安排。全书共八章，第一章绪论，阐述了生态养猪的概念、发展现状及其对环境和经济的影响；第二章至第八章分别对重庆市万州区的基本概况进行了描述，介绍了自然地理环境、生态环境、自然禀赋，以及生猪产业发展现状，生猪生态养殖产业存在的主要问题等情况；政府搭台，整合各方资源，出台支持政策，制定保障措施；研究了养殖场建设的工艺，建筑结构，内部构造，环保节能设计，以及主要仪器设备选型；解析了万州区生猪生态养殖场养殖"公司＋家庭农场（农户）"代养运营管理模式的优势与不足；系统介绍了万州区生猪生态养殖的生物安全体系；着重推荐了万州区生猪生态养殖场废弃物综合利用模式，独创了余水收集处理模式，采用"碳钢网床＋益生菌＋异位发酵"的技术模式，通过粪污资源化利用，实现种养结合和循环农业目标；对病死猪进行专业化、无害化处理，有力地推进了生猪产业高质量发展；利用当地教学、科研资源，加强产、学、研合作，建立产学研共同体，为生猪生态养殖提供坚强的技术支撑。

随着社会对环境保护和动物福利的重视程度不断提高，生态养猪将成为主流发展方向。希望本书能带给读者良好的体验，在生猪生态养殖、高效生产、动物福利、猪肉品质、健康产品、环境保护、经济价值等方面可以进行深入研究，从实践中总结更多的生态养猪经验，为我国生猪生态养殖献计献策。

本书在成稿过程中得到了重庆市畜牧科学院、重庆三峡职业学院、万

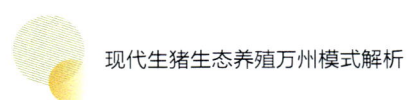

州区农业农村委、万州德康农牧科技有限公司提供文字、图片资料的帮助和支持，再次表示由衷的感谢！

  生态养猪业作为新兴的绿色产业，具有广阔的发展前景和巨大的发展潜力。在未来的发展过程中，行业需要关注市场规模与增长、技术创新与进步、产业链完善与协同以及市场竞争与格局等多方面的因素和挑战。我们感谢您的支持，百忙之中阅读此书，希望您对此书不足之处提出宝贵意见。同时将您在实践中探索的经验与我们一起分享，共同为我国生态养猪业的发展贡献我们的智慧和力量。

编 者
2024 年 6 月

目录

第一章　绪　论 / 1

第二章　万州区生猪生态养殖发展背景 / 13
第一节　生态环境与自然资源 13
第二节　生猪产业发展现状 23
第三节　生猪产业存在的主要问题 41

第三章　扶持政策与发展措施解析 / 51
第一节　政府部门政策 51
第二节　畜牧部门的发展措施 62
第三节　相关部门的发展措施 65
第四节　龙头企业的发展措施 66

第四章　万州区生猪生态养殖场建设模式解析 / 70
第一节　德康养猪单元解析 71
第二节　种公猪站 71
第三节　种猪扩繁场 84
第四节　家庭农场 97

第五章 万州区生猪生态养殖运营管理模式解析 / 109

第一节　"龙头企业+村集体经济组织+家庭农场"模式 109
第二节　家庭农场运营模式 111
第三节　饲料中的益生菌选择和添加 114

第六章 万州区生猪生态养殖生物安全模式解析 / 117

第一节　生猪疫病防控体系解析 118
第二节　生猪养殖场生物安全模式解析 134

第七章 万州区生猪生态养殖场废弃物处理及资源化利用模式解析 / 165

第一节　余水收集利用 167
第二节　粪污收集 171
第三节　粪污异位发酵处理 172
第四节　粪污处理环节益生菌选择和添加 183
第五节　资源化利用 185
第六节　病死猪处理 187

第八章 万州区生猪生态养殖产业产学研结合的特色模式解析 / 194

第一节　生产和教学结合情况 196
第二节　生产和科研结合情况 203
第三节　教学和科研结合情况 208
第四节　产学研合作情况 211
第五节　产学研结合典型案例 216

第一章
绪 论

我国自20世纪80年代以来，一直向欧美国家学习工厂化养猪模式。诚然，工厂化养猪模式对推动我国养猪业高速发展起到了十分重要的作用，但其将猪作为工厂车间流水线上的商品，忽略了猪对自由运动、健康饮食等最基本的需求，猪的很多天性被剥夺，导致猪长期处于强应激状态，严重影响猪肉品质；另外，工厂化养猪模式对硬件和管理要求较高，而我国大部分中小型养猪场却在这方面存在严重短板。因此，在非洲猪瘟常态化背景下，万州区以高级别生物安全理念构建"碳钢网床＋益生菌＋异位发酵"的生态养殖模式，运用自然发酵、环境改良、设备改造、圈舍改善，以促进猪群健康、降低饲养成本、生产优质猪为目的，实现养殖过程生态化、猪肉产品生态化和环境保护生态化。

一、生态养猪的概念

生态养猪作为畜牧业的重要组成部分，是指通过运用生态学原理与现代养殖技术的融合，实现生猪养殖与环境保护之间的和谐共生。其核心理念在于合理利用资源、减少环境污染、提高养殖效率，进而推动猪只的健康养殖和产业可持续发展。它以尊重猪只生存的基本权利为前提条件，以生产优质产品为己任，在不破坏自然环境的条件下，从事高效的养猪生产模式。

生态养猪，就是要求生猪养殖与生态环境形成命运共同体，对养猪过程中产生的废弃物开展资源化利用，使种植业与养殖业有机结合，做到相互促进、科学利用、低投入、高产出、少污染，使养猪业与农业资源、环境协调统一，既考虑满足人类对猪产品数量、质量的基本需求，又保障养猪生产的基本生态条件，走人类养猪可持续发展的道路。

二、生态养猪发展现状

随着社会对环境保护和动物福利的重视程度不断提高，生态养猪已成为发展主流，其主要表现在环境保护、高效生产、健康产品、动物福利等方面。

（一）环保理念的倡导

随着社会的发展，人们对环境保护的重视程度逐渐提高，生态养殖理念得到了广泛推广。相比传统养猪的饲养管理及废弃物资源化利用模式，生态养猪更注重生态平衡，通过科学规划和布局，实施一系列环保措施，这包括倡导采用环保饲料和添加剂，以减少对环境的负担，建设合理的排污处理系统，对养殖废弃物进行更高效的资源化利用，以及通过循环利用等方式减少废弃物对环境的影响。

（二）先进技术和设备的应用

为提高养殖效率并降低养殖成本，生态养猪积极应用先进的养殖技术和设备，这包括生态猪场建造技术、环境控制技术、饲料配方优化和加工使用技术、精准饲养技术、批次化管理技术、疫病防控技术、废弃物无害化处理和资源化利用技术等核心技术，自动料线、湿帘、风机、刮粪机等智能化饲养管理设备，进而提高养殖的经济效益，并推动生态养猪业可持续发展。

（三）健康产品的保障

生态养猪强调通过优化养殖环境和饲养管理，保证猪的健康和产品质量。在养殖环境方面，注重饲养环境的精准调控，为猪只提供舒适的生长环境；同时，加强疫病防控和饲养管理，减少猪只的疾病发生率，提高整体健康水平；采用添加"益生菌"养殖，严格控制饲料添加剂和兽药的使用，确保产品的安全性和健康性。

（四）动物福利的关注

生态养猪注重动物福利的提升，通过改善养殖环境和饲养条件，提高猪的生活质量和心理健康；通过改善猪舍环境、提供适宜的温湿度和良好的通风换气条件、提供优质的饲料和安全的水源、避免过度密集养殖等方式，提高猪的生长速度和品质。

三、生态养猪发展趋势

生态养猪业在现代畜牧业中扮演着至关重要的角色，是推动畜牧业绿色转型和可持续发展的重要力量。随着全球环境保护意识的提升和可持续发展的趋势日益加强，生态养猪业正逐渐成为畜牧业发展的新潮流，为农村经济发展和农民收入增长注入了新的活力。

（一）社会需求的推动

随着人们对食品安全和健康的关注不断增加，对优质猪肉的需求日益旺盛，一般的养猪方式难以满足人们对猪肉的安全、口感的需求，生态养猪技术因其绿色健康、安全和独特的风味等特点得到了广泛认可。

（二）政策导向的支持

我国政府积极引导生猪养殖企业向生猪生态养殖转型，出台一系列产业导向政策和扶持政策，包括财政补贴与资金扶持、技术研发与推广、产业规划与布局、环保政策与监管、市场引导与品牌建设等，这些政策的实施，不仅促进了我国生态养猪技术的快速发展和普及，也推动了养猪业向更加绿色、健康、可持续的方向发展。同时，生态养猪技术的发展也为我国农业现代化建设、农村经济发展和农民增收致富提供了有力支撑。

（三）技术创新和完善

从养殖环境、饲料配比、疾病防控等多个环节进行技术创新和完善。首先，养殖环境的优化是生态养殖的基础，利用现代科技手段，如互联网、大数据等，对养殖环境进行实时监控和智能调控，确保生猪在最佳的生长环境中成长，减少疫病的发生，提高养殖效率；同时，利用生态工程技术，如生物发酵床、生态循环农业等，实现养殖废弃物的资源化利用，减少环境污染。其次，饲料配比的科学化也是生态养殖的重要环节，通过深入研究生猪的营养需求和消化特点，科学配制饲料，确保生猪获得充足的营养，同时减少饲料浪费和环境污染。再次，利用生物技术手段，开发新型饲料添加剂，提高饲料的利用率和营养价值，也是未来生态养殖技术创新的重要方向。在疫病防控方面，传统的药物防治模式已无法满足现代生态养殖的需求。因此，需要采用生物防治、免疫预防等绿色防控技术，减少化学药物的使用，降低药物残留和环境污染。最后，加强养殖场的生物安全管理，提高养殖人员的健康意识和技能水平，也是保障生态养殖健康发展的重要措施。

总之，在未来发展中，生态养猪业将继续保持快速发展的态势，并面临着巨大的市场机遇和挑战。通过加强科学研究和技术创新、加强行业合作和交流、注重人才培养和引进等措施，生态养猪业将迎来更加广阔的发展前景和更加美好的未来。

四、生态养猪对环境和经济的影响

（一）对环境的影响

传统养猪造成的环境破坏越来越大，一个存栏万头的猪场采用传统集约化方式饲养，日排粪尿、污水量达100多吨，如果猪场污水不经处理或简易处理，将含有大量病原微生物和超高含量的氮、磷等有害物质的污水直接排入河流，会导致水体和土壤污染。此外，由于传统集约化猪场环控措施有限，尤其很少关注气体污染，因此猪场恶臭在空气中散发，造成空气质量恶化和大气污染。生态养猪技术采用更为环保的养殖方式，减少了养殖过程中的污染物排放，有效保护了周边生态环境。通过合理利用农业废弃物和循环利用养殖废弃物，达到了绿色循环的目的，大大减少了养殖业对环境的负面影响。

（二）对经济的影响

生态养猪不仅能提高农业生产的科技含量，还能增加农产品的附加值，为农业经济的增长注入新的活力；生态养殖的生猪在生长过程中不使用激素等添加剂，产出的猪肉品质更优、口感更佳，能提升猪肉产品市场竞争力。生态养殖通过科学管理和技术手段，如发酵床技术，提高了饲料的利用率，减少了浪费，从而降低了饲料成本。同时，生态养殖模式还能提升猪肉的品质，使其在市场上更具竞争力，从而提高销售价格，增加养殖收益。生态养殖推动了养猪业的产业升级，提高了养殖业的现代化和工业化水平。通过引入先进的养殖技术和设备，如智能化养殖系统，实现了养殖过程的自动化和精准化，提高了生产效率和产品质量。生态养殖模式的推广和应用，为农民提供了更多的增收渠道。通过提高养殖效益和产品质量，农民可以获得更高的经济回报，从而增加收入，改善生活水平。生态养殖技术的推广和应用，带动了饲料加工、疫病防治、冷链物流等相关产业的发展。这些产业的协同发展，为地方经济创造了更多的就业机会和增长点。

总之，生态养猪业作为新兴的绿色产业，具有广阔的发展前景和巨大的发展潜力。在未来的发展过程中，行业需要关注市场规模与增长、技术创新与进步、产业链完善与协同以及市场竞争与格局等多方面的因素和挑战。通过加大科研投入、推动技术创新、加强产业链协同合作以及拓展国际市场等方式，不断提升自身实力和创新能力，以适应市场的变化和满足消费者的需求。

五、万州区生态养猪的主要特点

（一）全程使用益生菌

一是生猪规模养殖场在猪的日粮中添加1‰的益生菌（枯草芽孢杆菌、乳酸菌等益生菌），通过调节猪肠道微生物群的平衡，增强免疫力，提高饲料利用效率，减少腹泻和便秘等不良情况，保证猪粪尿后续顺利发酵。在养殖过程中利用草本植物发酵作为抗生素替代品，目的就是从源头上控制抗生素用量，产出安全绿色生态的猪肉，同时产出高效优质的肥料，通过减抗提高活菌的生长，促进有机肥料正常发酵，增加肥料中的活菌，提高肥料中的营养促进植物吸收。

二是生猪规模养殖场在粪尿异位发酵中添加益生菌，选用由枯草芽孢杆菌、丁酸梭菌、乳酸菌、屎肠球菌、粪肠球菌、酿酒酵母、假丝酵母等有机肥专用菌种添加到粪尿异位发酵床中，做到 6~8 h 升温，及时把水蒸气外排，降低水分，保证菌种不死床，不发出恶臭味。

（二）全碳钢网床地面

万州区生猪生态养殖场猪只饲养区域全部使用碳钢材料构建的网床。猪舍内猪只生活区全部铺设碳钢漏缝网床（碳钢直径 10.7 mm，缝隙宽度 1~1.1 cm）。网床横梁用 12# 国标工字钢／槽钢，架工字型，钢梁间距中对中 1 200 mm。表面刷防锈漆。每根槽钢之间用钢筋或钢管校正焊接牢固，碳钢网与工字钢／槽钢接触位置挨个点焊。

1. 全碳钢网床猪栏干净干燥

全碳钢网床漏缝率达到 48.3%~50.6%，不存在积水问题，粪便也不容易在床面堆积，特别是仔猪拉稀时，稀粪直接漏到网床下面，保证了床面的干燥、干净卫生，从而能降低生猪的疫病发生率，提高了生猪的生长速度和健康水平，养殖效益更高；全碳钢网床上粪便通过猪只踩踏自动下漏，减少了人工清理粪便的工作量，降低了人力成本，养殖效率更高。

2. 全碳钢网床便于火焰消毒

碳钢材质具有较高的耐高温性能和导热性好等特点，能够在火焰消毒过程中承受高温而不易变形或损坏。这保证了火焰消毒的有效性，因为火焰区的正常温度可以达到 600~800℃，远高于杀灭病原微生物（包括非洲猪瘟病毒）所需的温度，这种消毒方式不仅能够彻底杀灭病原微生物、减少残留物，还具有操作便捷、效率高等优点。

（三）余水收集

采用咬嘴式饮水器给猪自动饮水，猪在饮用或玩耍时，可能出现较多的余水洒漏到粪槽中，导致污水量成倍增加，增加了污水处理难度。为了将猪饮用或玩耍过程中产生的余水收集起来，在饮水器外增加接水罩并用管网将余水收集在一起，再经过三级沉淀，达到农用排放标准。万州区畜牧产业发展中心牵头制定了重庆市地方标准"规模猪场饮用余水收集利用技术规范"（DB50/T 1276—2022）（图1-1）。

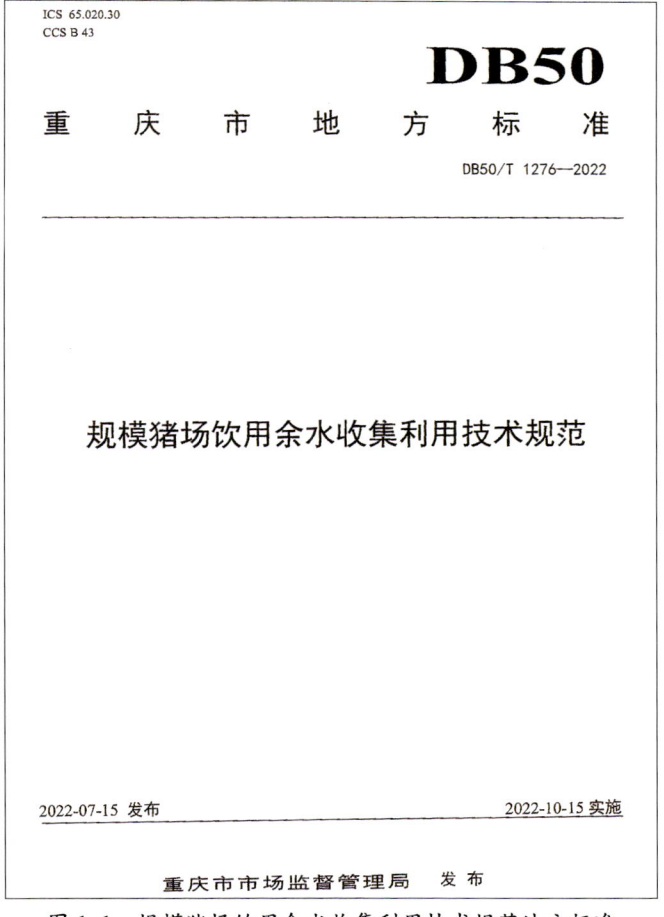

图1-1　规模猪场饮用余水收集利用技术规范地方标准

（四）粪尿异位发酵

万州区百万生猪项目养殖场在粪尿处理上根据万州区的实际，采用了全量收集异位发酵的模式，这一模式不仅有效解决了传统养殖中粪污处理难的问题，还实现了资源的循环利用，推动了绿色生态养殖的发展。粪尿的全量收集是异位发酵处理的前提。养殖场通过安装碳钢网床等现代化养殖设备，使生猪排出的粪便和尿液能够顺利地从网孔漏下，进入下方的收集系统。这一系统能够确保粪尿的全量收集，避免了传统养殖中粪污随意排放、污染环境的问题。收集到的粪尿会被统一输送到场外的异位发酵床进行生物发酵处理。异位发酵床是一种利用微生物将粪污转化为有机肥的设施，它通常由发酵槽、翻抛机等组成。在发酵过程中，微生物会分解粪污中的有机物质，产生高温并杀灭有害病菌和寄生虫卵，同时使粪污中的水分蒸发、体积减小，最终转化为稳定、无害的有机肥。异位发酵床的技术方案包括初次异位发酵法、后续发酵法和发酵成熟后处理。全量收集异位发酵模式实现了粪污的零排放，避免了养殖污染对环境的破坏，符合绿色生态养殖的要求，实现了资源的循环利用，提升养殖效益，促进产业发展。万州区畜牧产业发展中心牵头制定了重庆市地方标准"规模猪场粪尿全量收集堆肥发酵技术规范"（DB50/T 1277—2022）（图1-2）。

（五）家庭农场稳定增收经营模式

万州区引进生猪产业化龙头企业——重庆万州德康农牧科技有限公司，该公司作为万州区100万头生态猪产业的技术、收购、屠宰、加工及市场营销支撑单位，采用"龙头企业＋村集体经济组织＋家庭农场"的经营模式，村级集体经济组织与生态猪养殖场签订入股合作协议，贫困户在自愿参与的前提下，采取合作和抱团的方式，自筹资金投入村级集体经济组织或合作社再投入生态猪养殖场，一个养殖单元约需投资100万元，其中村级集体经济组织入股40万元，贫困农户筹集建设资金不低于20万元，生态猪养殖场经营者投入40万元并兜底。龙头企业为养殖户统一提供商品仔猪、饲料、药品及技术培训指导。养殖户只需提供人力和标准化猪舍将商品仔猪养殖到规定的标准后公司回收，并根据年出栏量及养殖质量支付代养费。村级集体经济组织参股有机农业产业化项目每建设1个养殖单元区财政给予40万元的扶持资金，作为股本金。财政补助实行以奖代补。每个养殖单元带动贫困农户合作建设资金不低于20万元。优先保障贫困户劳动

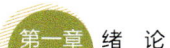

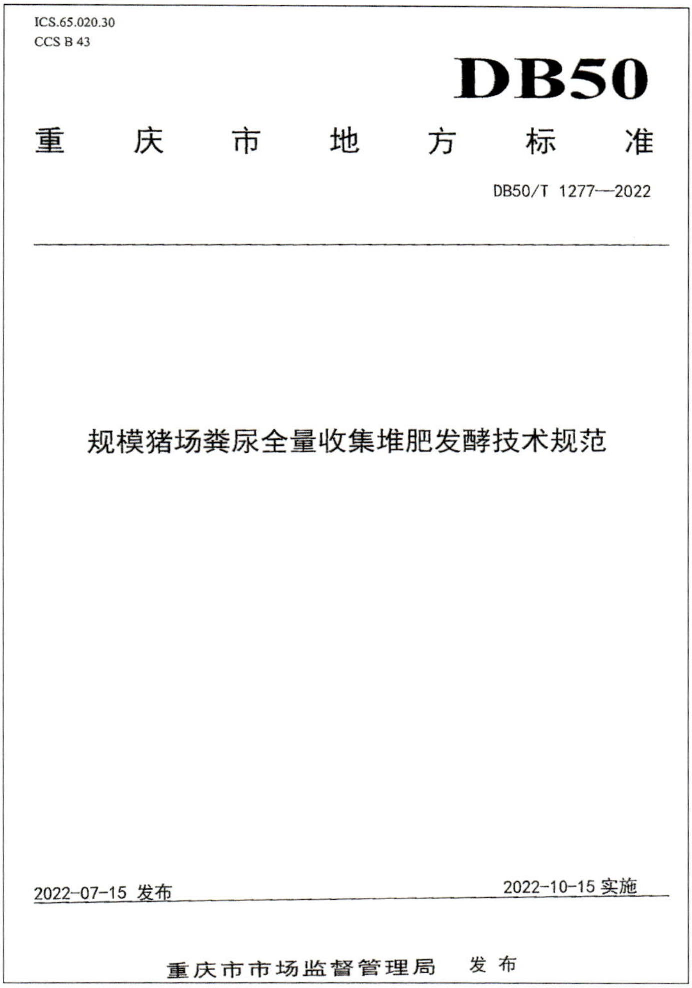
ICS.65.020.30
CCS B 43

DB50

重 庆 市 地 方 标 准

DB50/T 1277—2022

规模猪场粪尿全量收集堆肥发酵技术规范

2022-07-15 发布　　2022-10-15 实施

重庆市市场监督管理局 发 布

图 1-2　规模猪场粪尿全量收集堆肥发酵技术规范地方标准

所得及相关收益，年收益不低于合作投入资金的 8%，并由镇、乡政府和街道办事处负责监督落实。合作期满后，由生态猪养殖场经营者、村级集体经济组织、贫困户根据养殖场生产经营情况，另行协商资金合作事宜。村级集体经济组织资金入股每年固定分红 5 万元 / 单元，用于村集体经济发展、扶持贫困户，发展公益事业。固定分红期 8 年，8 年后分红额度由村级集体经济组织与生态猪养殖场经营者协商确定。图 1-3 所示为生猪生态养殖场全貌。

图 1-3　生猪生态养殖场全貌

六、万州区生猪生态养殖发展成效

（一）产能提升与标准化建设

产能提升：万州区通过实施百万头生猪生态养殖项目，目前已建成 750 个养殖单元，达到了 100 万头生猪的产能目标。项目存栏生猪数量从零增加到 52.39 万头，其中包括能繁母猪 4.05 万头、后备母猪 0.66 万头、仔猪以及肥猪 47.68 万头。

标准化建设：项目在推进过程中，注重标准化养殖单元的建设。目前，已建成 750 个标准化养殖单元，实现了生猪养殖的规范化、标准化管理。这不仅提高了养殖效率，还有效降低了疾病发生率。

（二）产业链形成与产值增长

产业链形成：万州区百万生猪生态养殖项目逐步在形成集生猪繁育、饲料生产、屠宰加工、肉类加工、冷链流通于一体的全产业链集群。这种全产业链的逐步形成，使得各个环节紧密相连，有效提升了整个产业链的产值。

产值增长：随着全产业链的逐步形成和完善，目前年生猪出栏量已接近百万头，年产 50 万 t 饲料厂已建成投产运营，到年底也会达到 30 万 t 的生产目标，预计 2024 年年底将实现生猪销售及饲料生产合计年产值 30 亿元的目标。这将为万州区的经济发展注入新的动力。

（三）粪污资源化利用与环境保护

粪污资源化利用：项目在养殖过程中，注重粪污的收集和处理。通过全量化收集养殖粪污，再深度发酵成有机肥，实现了养殖污染的"零排放"。这种粪污资源化利用的方式，不仅减少了养殖业对环境的污染，还为当地果林产业提供了优质的有机肥料。

环境保护：粪污资源化利用模式有效破解了传统养猪带来的环保难题，推动了生猪养殖业的绿色发展。同时，这也为万州区农业的可持续发展奠定了坚实的基础。

（四）科技引入与人才支撑

科技引入：万州区在推进百万生猪生态养殖项目的过程中，积极引入科技力量。例如，与重庆市畜牧科学院联合组建重庆市畜牧科学院万州分院，通过联合研究、项目合作等方式提升协同创新水平。此外，还引入先进的养殖技术和设备，如"碳钢网床＋益生菌＋异位发酵"养殖技术等，提高了养殖效率和生态效益。

人才支撑：项目的推进离不开人才的支持。万州区通过重庆三峡职业学院培养本土人才和引进外部专家相结合的方式，为生猪养殖业的发展提供了强有力的人才支撑。

（五）经济效益与社会效益

经济效益：百万生猪生态养殖项目的实施，不仅提高了万州区生猪养殖的产能和效益，还带动了相关产业的发展。如饲料生产、屠宰加工、肉类加工、冷链流通等产业链上下游产业的协同发展，为当地经济带来了显著的经济效益。

社会效益：项目的成功实施还带来了显著的社会效益。一方面，通过提供就业机会和增加农民收入，改善了当地居民的生活水平；该项目发展至今，每年提供超过1 000个就业岗位，从2020年至2024年6月累计支付代养费合计超过3.6亿元。另一方面，通过推动农业供给侧结构性改革和调整优化农业生产结构，促进了农业的可持续发展和乡村振兴战略的实施。

综上所述，万州区百万生猪生态养殖项目在产能提升、产业链形成、粪污资源化利用、科技引入与人才支撑以及经济效益与社会效益等方面均取得了显著的成效。这些成效的取得不仅为万州区的经济发展注入了新的动力，也为其他地区提供了可借鉴的经验和模式。

第二章 万州区生猪生态养殖发展背景

 第一节　生态环境与自然资源

一、生态环境

万州区位于重庆市东北部，地处三峡库区腹心地带，其自然地理环境独特且复杂，地处四川盆地东缘，重庆市东北边缘，位于北纬30°23′50″～31°0′18″、东经107°52′22″～108°53′52″，幅员3 456.41 km²。东与云阳县相连，南与石柱土家族自治县和湖北省利川市接壤，西与忠县、梁平区毗邻，北与开州区和四川省开江县交界。东西长97.25 km，南北宽67.25 km，城区面积110 km²，距重庆市直线距离228 km。地形地貌、气候条件、水文状况等自然要素相互作用，共同塑造了万州区的生态环境，同时为生猪养殖提供了特定的生态条件。

（一）地形地貌

万州区地势东高西低，区内山丘起伏（图 2-1），最高点位于普子乡七曜村沙坪峰，海拔 1 762 m；最低点位于黄柏乡境内，随长江蓄水水位变化而变化。低山、丘陵面积约占 1/4，低中山和山间平地面积约占 1/4，极少平坝和台地，且零星散布。这种地形地貌决定了地表的起伏和地势的高低，进而影响着当地的气候、水文以及植被分布。山地和丘陵地区土壤肥沃度较高，适宜农业发展，为生猪养殖提供了良好的土地资源。

从地势来看，万州区的东部多为山地，地势相对较高，而西部则逐渐过渡到丘陵和平坝地区，地势相对较低。这种地势的起伏不仅影响着地表水流的走向和分布，还决定了土壤的类型和肥沃度。山地和丘陵地区的土壤通常较为肥沃，含有丰富的有机质和矿物质，非常适宜农作物的生长和发育。这为万州区的农业发展提供了得天独厚的条件，也为生猪生态养殖提供了良好的土地资源。

图 2-1　万州区地貌示意图

地形地貌对万州区的气候产生了重要影响。由于地势的起伏，万州区的气候呈现出明显的垂直分布特征。山地和丘陵地区的气候相对较为凉爽，夏季温度适中，冬季则较为温暖，这为生猪养殖提供了适宜的环境。

万州区的地形地貌还为生猪生态养殖提供了良好的自然屏障。山地和丘陵地区的植被茂盛，森林覆盖率较高，这不仅有助于保持水土、涵养水源，还能有效减少养殖场的疾病传播风险。同时，这些地区的空气清新，环境幽静，为生猪养殖创造了一个适宜的生态环境。

（二）气候条件

万州区属于亚热带湿润季风气候区，四季分明，雨水充沛，光照充足，冬暖、多雾；夏热，多伏旱；春早，气温回升快而不稳定，秋长，阴雨绵绵，以及日照充足，雨量充沛，天气温和，无霜期长，霜雪稀少。2022年，万州区平均气温 18.2℃，年降水量 1 155.8 mm，年日照时数 1 584.9 h。汛期（5—9 月）降水量 647.1 mm，较常年同期（823.9 mm）和上年分别偏少 21.5% 和偏少 39.6%。2022年，年初出现 1 次连阴雨天气过程；春季出现 1 次强降温和 1 次特强降温天气过程，春夏季节出现 5 次局地强降水和暴雨天气过程，出现 4 次大风天气；秋季出现 1 次暴雨天气过程和 3 次特强降温天气过程，无明显灾情发生。3月、7月、8月和 11月气温异常偏高，特别是 3月、8月和 11月平均气温为有记录以来的最高值，8月极端最高气温不断刷新历史最高值，气候炎热，并出现两段伏旱天气；春秋强降温天气过程偏多。这种气候条件有利于农作物的生长和繁殖，也为生猪养殖提供了适宜的环境。然而，梅雨季节和伏旱季节的气候变化可能对生猪养殖产生一定影响，需要采取相应的措施加以应对。

万州区的年平均气温约为 18℃，这一适中的温度条件为生猪的生长和繁殖提供了适宜的环境。生猪作为一种恒温动物，其生长和繁殖受到环境温度的直接影响。万州区的温和气候确保了生猪在大部分时间内都能维持正常的生理活动，从而提高了其生长速度和繁殖效率。

万州区的光照条件也十分充足，这对于提高农作物的产量和质量，进而为生猪养殖提供优质的饲料来源具有重要意义。充足的光照促进了植物的光合作用，提高了农作物的光合效率，从而增加了饲料的产量和营养价值。这对于降低生猪养殖成本、提高养殖效益具有积极作用。

梅雨季节和伏旱季节的气候变化可能对生猪养殖产生一定的影响。梅雨季节雨水集中，可能导致养殖场内湿度过高，容易滋生细菌和疾病。而伏旱季节则可能出现持续高温和干旱，对生猪的生长和繁殖造成一定的压力。因此，在这些特殊气候条件下，养殖场需要采取相应的措施加以应对，如加强通风换气、调整饲料配方、增加饮水量等，以确保生猪的健康和生长。

（三）生态环境

万州区的生态环境多样，植被茂盛，森林覆盖率约为 50%，植被种类繁多，生物多样性丰富（图 2-2）。山区和丘陵地区的植被以林木和灌木为主，而河谷和平坝地区则以农作物和草地为主。这种生态环境为生猪养殖提供了良好的自然屏障和生态支持。

图 2-2　万州区生态环境

万州区的植被分布为其生猪养殖提供了良好的自然屏障。山区和丘陵地区覆盖着茂密的林木和灌木，这些植被不仅有助于保持水土、涵养水源，还能有效减少养殖场的疾病传播风险。茂密的植被能够阻挡风尘、减少噪声和污染物的扩散，为生猪创造一个相对安静、干净、健康的生活环境。

河谷和平坝地区的农作物和草地为生猪养殖提供了丰富的饲料来源。这些地区的农业发达，种植着大量的玉米、稻谷等作物，这些都是生猪饲养的主要饲料。同时，草地上的牧草也可以作为补充饲料，为生猪提供多样化的营养来源。

随着城市化和工业化的不断推进，万州区的生态环境面临着一定的压力和挑战。城市化进程加速了土地的开发利用，导致部分自然植被被破坏。工业化的发展也带来了环境污染和生态破坏的问题，这些都对生猪养殖产生不利影响。例如，环境污染可能导致水源质量下降，影响生猪的健康和生长；生态破坏可能破坏生物多样性和生态平衡，增加养殖场的疾病传播风险。

二、自然资源

（一）土地

1. 土地资源

根据《重庆市万州区国土空间总体规划（2021—2035 年）》，万州区有耕地 10 563 hm²。主要分为丘陵、低山区和高山区 3 种类型。丘陵主要集中在海拔 800 m 以下的平行岭谷区，是农业耕作重点区；低山区主要在海拔 500～1 000 m 的山区，是万州区主要地貌形态，也是产粮和经济作物地区；中山区主要集中在海拔 1 000 m 以上的七曜山等地，主要适宜种植林果木、药材和牧草等。

2. 土地消纳能力

万州区现有耕地面积 9.8 万 hm²，如按每亩 1.3 头生猪当量消纳粪污，全区耕地可承载 191.8 万头生猪当量产生的粪污，目前，万州区畜禽总当量数约 143.7 万头生猪当量，消纳粪污有巨大空间。各乡镇、街道耕地可消纳生猪当量数见表 2-1。

表 2-1　万州区乡镇、街道耕地可消纳生猪当量数

序号	乡镇名称	耕地面积（hm²）	承载粪污的养殖当量（头）
1	高峰街道	1 193.0	23 263.50
2	甘宁镇	4 299.5	83 840.25
3	龙沙镇	3 195.0	62 302.50
4	响水镇	2 307.8	45 002.10
5	武陵镇	2 816.0	54 912.00
6	瀼渡镇	780.0	15 210.00
7	天城街道	1 507.9	29 404.05
8	熊家镇	1 753.0	34 183.50
9	小周镇	234.6	4 574.70

(续表)

序号	乡镇名称	耕地面积（hm²）	承载粪污的养殖当量（头）
10	大周镇	289.0	5 635.50
11	高梁镇	3 036.3	59 207.85
12	李河镇	2 821.3	55 015.35
13	分水镇	6 763.2	131 882.40
14	孙家镇	1 872.5	36 513.75
15	余家镇	5 022.6	97 940.70
16	后山镇	3 096.0	60 372.00
17	弹子镇	2 026.0	39 507.00
18	长岭镇	2 753.2	53 687.40
19	新田镇	3 520.0	68 640.00
20	白羊镇	3 952.2	77 067.90
21	龙驹镇	5 166.3	100 742.85
22	走马镇	5 299.0	103 330.50
23	罗田镇	3 225.0	62 887.50
24	太龙镇	1 619.7	31 584.15
25	长滩镇	2 481.0	48 379.50
26	太安镇	2 284.5	44 547.75
27	白土镇	2 252.3	43 919.85
28	新乡镇	972.0	18 954.00
29	郭村镇	2 472.0	48 204.00
30	九池街道	1 088.5	21 225.75
31	柱山乡	1 572.8	30 669.60
32	铁峰乡	1 623.0	31 648.50
33	黄柏乡	1 077.5	21 011.25
34	溪口乡	1 308.0	25 506.00
35	燕山乡	1 251.0	24 394.50
36	长坪乡	1 086.3	21 182.85
37	梨树乡	853.0	16 633.50

(续表)

序号	乡镇名称	耕地面积（hm²）	承载粪污的养殖当量（头）
38	茨竹乡	1 105.0	21 547.50
39	恒合土家族乡	2 496.7	48 685.65
40	普子乡	1 596.0	31 122.00
41	地宝土家族乡	435.0	8 482.50
42	太白街道	383.4	7 476.30
43	龙都街道	224.0	4 368.00
44	双河口街道	338.9	6 608.55
45	沙河街道	285.0	5 557.50
46	钟鼓楼街道	1 223.6	23 860.20
47	百安坝街道	248.5	4 845.75
48	五桥街道	801.0	15 619.50
49	陈家坝街道	359.2	7 004.40
合计		98 367.3	1 918 162.35

（二）水资源

万州区水资源多年平均总量22.3亿m^3，主要来源于自然降水形成的地表水。区域多年平均降水1 179.5 mm，多年平均年降水量42.46亿m^3，地表水多年平均径流深637.37 mm，多年平均河川径流量22.3亿m^3，水资源可开发利用量6.7亿m^3。长江自西南向东北贯穿万州区全境（图2-3），过境流程80.4 km，年平均流量1.32万m^3/s，年平均过境流量4 163亿m^3。境内有磨刀溪、五桥河、新田河、石桥河、龙宝河、苎溪河等汇入长江，流域面积大于50 km^2的有21条。充沛的水资源为生猪生态养殖提供了充足的水源。

（三）电力资源

根据《重庆市万州区能源发展规划（2021—2035年）》，万州区致力于构建结构多元、多能互补的电源结构，并提升电网输配能力。力争到

图 2-3　万州区长江水道

2025 年，全区电力装机容量达 340 万 kW；到 2035 年，电力装机容量超过 800 万 kW。同时电源结构多元开发，发挥煤电托底保供和辅助服务作用，加快实施三峡水利万州燃气发电项目（一期）建设，科学有序推进水电开发，万州区在电力资源方面通过多元开发电源、构建坚强电网、实施电力保障措施等多方面努力，以确保电力安全稳定供应，完全能够满足百万头生猪生态养殖用电需求。图 2-4 为三峡水电站。

图 2-4　三峡水电站

（四）道路条件

近年来，万州加快提升公路路网密度和通行效率，构建城区内通畅、城区间直达、城区与周边地区通达，连城通乡、进村入组的公路路网体系，公路路网通达水平发生了翻天覆地的变化（图2-5）。如今，全区公路总里程突破1万km，其中，高速公路217.89 km，国道276.733 km，省道410.009 km，县道620.013 km，乡道1 035.046 km，村道7 335.9 km。国省道总里程位居全市第一，县乡道总里程位居全市第二，境内高速公路出口达18个，行政村客车通行率达100%。万州区丰富的道路条件对生猪养殖具有多方面的影响，包括提高运输效率与降低运输成本、促进市场扩张与销售渠道多样化、促进规模化与标准化养殖以及改善养殖环境与生活条件等。这些影响有助于推动生猪生态养殖持续健康发展。

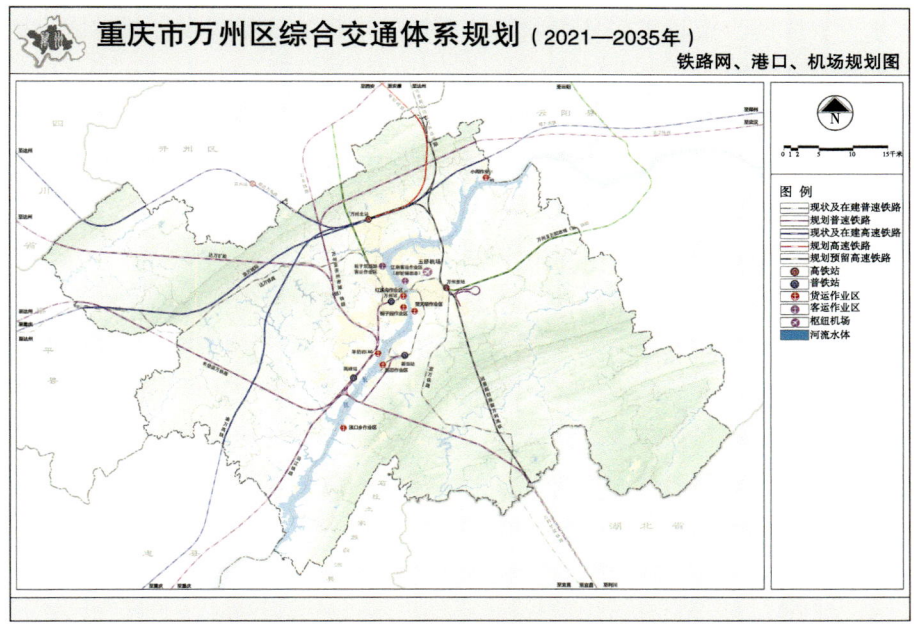

图2-5　万州区综合交通体系规划

1. 提高运输效率与降低运输成本

丰富的道路条件意味着更多的交通线路和更高的交通网络密度，这有助于生猪及其产品的快速运输。当道路条件良好时，运输车辆可以更加顺畅地行驶，减少因路况不佳导致的延误和停滞，从而提高运输效率。高效的运输系统能够确保生猪及时送达市场，满足消费者的需求，同时也为生猪养殖户提供更快的资金回笼周期。

良好的道路条件可以减少运输过程中的损耗和浪费，如减少因颠簸导致的生猪伤亡和产品质量下降。这有助于降低运输成本，提高生猪养殖的经济效益。此外，道路条件的改善还可能带来运输费用的降低，如减少因路况不佳而增加的油耗和维修费用等。

2. 促进市场扩张与销售渠道多样化

丰富的道路条件使得生猪及其产品能够更容易地跨越地理界限，进入更广阔的市场。这有助于生猪养殖户扩大销售范围，增加销售量，提高收入水平。同时，市场扩张还可以降低对单一市场的依赖程度，减少因市场波动带来的风险。

良好的道路条件为生猪养殖户提供了更多的销售渠道选择。他们可以通过不同的交通线路将生猪及产品运送到不同的市场或销售渠道，如批发市场、超市、餐饮企业等。

3. 促进规模化与标准化养殖

丰富的道路条件为生猪规模化养殖提供了有力支持。规模化养殖需要大量的饲料、兽药等生产资料的运输和配送，而良好的道路条件可以确保这些生产资料及时、高效地送达养殖场。

标准化养殖是现代生猪养殖业的重要趋势之一。它要求养殖过程遵循一定的标准和规范，以确保生猪产品的质量和安全。而丰富的道路条件可以为标准化养殖提供有力支持，如通过便捷的交通网络将标准化的养殖技术和管理经验传播到更广泛的地区。

4. 改善养殖环境与生活条件

丰富的道路条件有助于改善生猪养殖环境。例如，通过便捷的交通网络将先进的养殖设备和环保设施运送到养殖场，提高养殖场的设施水平和环保能力。同时，良好的道路条件还可以促进养殖场的废弃物处理和资源化利用，减少环境污染和生态破坏。

第二节 生猪产业发展现状

一、投入品

（一）饲料

2023年万州区年产饲料190万t、饲料添加剂30万t，现有饲料生产厂家9家（表2-2），其中杜若饲料100万t饲料加工项目一期工程已完成建设，重庆万州德康农牧科技有限公司50万t饲料厂、重庆三峡农业集团有限公司30万t发酵饲料暨5万t益生菌加工厂均已建成投产。

表2-2　万州区饲料生产企业基本情况

企业名称	地址	产能（万t）
重庆市万州区金瑞动物药业有限公司	双河口龙康路7号	7
重庆市万州区金源饲料厂	外贸路68号	7
重庆蓝鑫络饲料有限公司	双河口街道双河3组水产研究所	3
重庆天杰弘饲料有限公司	甘宁镇凉风路90号	7
重庆万州德康农牧科技有限公司	经开区新田工业园	50
重庆三峡漓源饲料有限公司	经开区新田工业园	36
重庆杜若饲料有限公司	高峰镇鹿山大道综合保税区A区	50
重庆索特盐化股份有限公司	龙都大道519号	30
重庆泰益泓生物科技有限公司	重庆市万州区高峰街道鹿山大道综合保税区12号厂房	30

（二）兽药

万州区现有兽药生产厂家 1 家，2023 年兽药产值达 3 068 万元。同时兽药经营企业有 31 家，表 2-3 为万州区兽药经营企业名单，年总销售额达到 3 500 万元。

表 2-3　万州区兽药经营企业基本情况

序号	经营单位名称	经营地址	主要经营兽药生产厂家
1	重庆至诚兽药有限公司	重庆市万州区站前路 260 号附 12 号门市	山东鲁抗舍里乐药业有限公司
			成都新亨药业有限公司
			江西省保灵动物保健品有限公司
			宁波二厂激素厂
2	重庆巧手农业发展有限公司	重庆市万州区万川大道 253 号	河北地邦动物保健科技有限公司
			齐鲁动物保健品有限公司
			江西博莱大药厂有限公司
3	重庆浦益宁兽药销售有限公司	重庆市万州区科龙路 66 号	重庆优宝生物科技有限公司
			保定冀中药业有限公司
			北京生泰尔科技股份有限公司
4	万州区盛牧共创兽医经营部	重庆市万州区申明北路 130 号	天津市中升挑战生物科技有限公司
			金河牧星（重庆）生物科技有限公司
5	双河口海芳饲料经营部	龙宝大街 101 号	河南安盛药业有限公司
			河南鼎盛生物有限公司
6	万州区西山车站云耀渔具经营部	万州区西山车站综合大楼 34 号门面	重庆富尔家动物药业有限公司
7	万州区王牌路喻钜兽药经营部	万州区王牌路 102 号付 3 号	瑞普（天津）生物药业有限公司
			齐鲁动物保健品有限公司
			石家庄正大鸿福有限公司
			浙江万方生物科技有限公司
8	重庆市万州区世军饲料经营部	万州区西山车站王牌路 136 号附 36 号	河南牧翔生物科技有限公司
			山西力诺天润动物药业有限公司

（续表）

序号	经营单位名称	经营地址	主要经营兽药生产厂家
9	重庆海农兽医服务有限公司	重庆市万州区沙河街道申明中路137号2楼10-15号	山东德信生物科技有限公司
			广东广牧动物保健品有限公司
			贵州启程生物科技有限公司
			广州和生堂动物药业有限公司
			湖南坤源生物科技有限公司
			江西大赣农动物药业有限公司
			芮城县维尔福兽药有限公司
			成都中牧生物药业有限公司
			商丘市森澳达动物药业有限公司
			山西兆益生物有限公司
10	万州区龙驹永兴兽药经营部	万州区龙驹镇龙渠大道46号	遂宁中通实业集团动物药业有限公司
			四川省缔一生物制药有限公司
11	万州区唐记渔具店	重庆市万州区陈家坝街道玉龙路97号	山西恒达雷傲生物科技有限公司
			山西康洁药业有限公司
			长沙拜特生物科技研究所有限公司
			广东精博生物技术有限公司
12	万州区王牌路燎原兽药经营部	万州区王牌路102号附13号	河北维尔利生物科技有限公司
			四川益瑞源药业有限公司
13	万州区新明天饲料兽药服务部	万州区王牌路西山车站裙楼B12	成都新亨药业有限公司
14	万州区王牌路巴农饲料兽药经营部	重庆市万州区王牌路102号附9号	四川华蜀动物药业有限公司
			重庆康仕达生物制药有限公司
15	万州先进兽药经营部	万州区王牌路102号附6号1层	四川维尔康动物药业有限公司
			四川川龙动科药业有限公司
			四川康而好动物药业有限公司
			湖北武当动物药业有限公司

(续表)

序号	经营单位名称	经营地址	主要经营兽药生产厂家
16	万州区向光贵兽药饲料门市	万州区王牌路102号附8号	重庆金福莱生物科技有限公司
			四川省精科生化制品有限责任公司
			四川环亚生物科技有限公司
			四川佳泰动物药业有限公司
			四川爱迪生物科技有限公司
			精华药业成都有限公司
			成都鑫天牧生物技术有限公司
			哈尔滨绿达生动物药业有限公司
			成都乾坤动物药业有限公司
17	万州区乌龙池顶峰兽药经营部	重庆市万州区乌龙池114号低层4号	重庆金福莱生物科技有限公司
			四川伴农动保生物技术有限公司
			四川显华动物药业有限公司
			成都博大金点生物技术有限公司
			四川瑞芳德生物制药有限责任公司
			上海骑骠动物保健品有限公司
18	万州区高科技养殖技术服务中心	万州区王牌路118号-8号	四川省七大洲动物药业公司
			四川维尔康动物药业有限公司
19	重庆市万州区百信嘉禽兽药经营部	重庆市万州区双河口街道龙宝大街113号	沧州市正源大地兽药有限公司
			广东高山动物药业有限公司
20	万州区导向农业	王牌路102号附10号	山东迅达康兽药有限公司
			重庆万州三牧集团
			广州市汇鑫动物药业
21	万州区龙驹渝鄂美生饲料兽药批零部	重庆市万州区龙驹镇永兴街42号	四川金瑞克兽药公司
			重庆万州三牧集团
22	万州区王牌路同创兽药经营部	重庆市万州区王牌路102号-2号	成都中牧生物药业有限公司
			成都市坤宏优创动物科技有限公司
			成都乾坤动物药业股份有限公司
			成都科锐动物药业有限公司
			四川国泰生物科技有限公司

（续表）

序号	经营单位名称	经营地址	主要经营兽药生产厂家
23	万州区顾雪梅兽药经营部	万州区西山车站王牌路136号附29号	重庆西农大科信动物药业
			四川蓝晟制药有限公司
			四川乾兴动科药业有限公司
			江西博莱大药厂有限公司
			四川省泰信动物药业有限公司
			重庆金福莱生物科技有限公司
			江西诺邦生物科技有限公司
24	重庆巧手农业发展有限公司	重庆市万州区万川大道253号	齐鲁动物保健品有限公司
			江西博莱大药厂有限公司
25	重庆富谐兽药有限公司	重庆市万州区龙都街道厦门大道549号附15号	武汉新联大有限公司
			齐鲁动物保健品有限公司
26	万州区顾雪梅兽药经营部	万州区西山车站王牌路136号附29号	重庆西农大科信动物药业
			四川蓝晟制药有限公司
			四川乾兴动科药业有限公司
			江西博莱大药厂有限公司
			四川省泰信动物药业有限公司
			重庆金福莱生物科技有限公司
			江西诺邦生物科技有限公司
27	重庆市万州区嘉丰兽药经营部	重庆市万州区万川大道161号附2号	四川金正康动物药业有限公司
			四川永生和动物药业有限公司
28	重庆市万州区华源饲料兽药经营部	重庆市万州区天成大道1004号	四川德润通生物科技有限公司
			四川英格瑞生物科技有限公司
			六安恒佳生物科技有限公司
			江西高胜动物保健有限公司
29	万州区龙都众康畜牧技术服务部	万州区火车站站前路60号	江西嘉博生物工程有限公司
			遂宁市中通实业集团动物药业有限公司
			驻马店华中正大有限公司

(续表)

序号	经营单位名称	经营地址	主要经营兽药生产厂家
30	万州区牛管家兽药经营部	重庆市万州区九池街道九池村二组	四川鑫天牧药业有限公司
31	万州区王牌路金瑞兽药经营部	万州区王牌路116号	重庆方通动物药业有限公司 四川恒通动物制药有限公司 河北威远药业有限公司 四川惠嘉动物科技有限公司 重庆天龙牧业科技有限公司 重庆正通动物药业有限公司 江西创导动物药业有限公司 泸州正泰生物技术有限公司 北京华盛动物药业有限公司 四川欧邦动物药业有限公司 四川通达动物药业有限公司

二、生猪生态养殖

目前，万州区生猪产能已达150万头以上，其中采用生态养殖模式的约110万头，占比74%，采用传统养殖模式约40万头，占比26%（图2-6）。有以下特点。

图2-6　万州区生猪生态养殖场

（一）规模化养殖比重不断提高

截至2023年底，全区建成规模养殖场（年出栏生猪500头以上）407家，生猪产能达150万头，其中百万头生猪生态养殖项目建成养殖场75家831个单元（存栏能繁母猪50头，年出栏商品猪1 250头为1个单元），达到100万头生猪产能目标，现已有61家生态养殖场建成投产，存栏生猪近30万头，2023年累计出栏58万头，实现年产值20亿元。2023年全区出栏生猪116.36万头，规模化养殖出栏69.58万头，规模化养殖率比重达到59.8%。

（二）标准化养殖技术有力提升

在全国率先整区推广"碳钢网床＋益生菌＋异位发酵"生态养殖技术，采用全封闭、负压通风、自动喂料、自动饮水、空气过滤、机械刮粪等国内领先的现代养殖工艺，采取统一规范布局、统一培训指导、统一物料供应、统一生产指导、统一生产管理、统一回收销售等合作模式，极大地提升了万州区生猪产业标准化养殖技术水平。

（三）产业化发展链条初步建立

3 800头祖代种猪场于2020年5月建成投产，每年可提供后备母猪2万头。400头种猪站建成，每年可提供优质精液70万份。20万t生物有机肥厂、50万t饲料厂、30万t发酵饲料暨5万t益生菌加工厂厂房均已建成投产。200万头生猪屠宰暨肉食品加工厂已完成选址。"育种、饲料、饲养、肥料、屠宰、加工"等产业化发展链条初步建立。

（四）科技化支撑体系日益强化

引入国家生猪技术创新中心等国家级平台建立万州产业技术中心。联合重庆市畜牧科学院组建重庆市畜牧科学院万州分院，共建"万州生猪产业协同创新研究院""重庆生猪产业创新学院"。成立重庆三峡有机农业生物工程研发中心，开展生猪生态养殖技术研发。成功引进中国工程院院士赵春江作为国家对接万州的"三区"科技人才，为全区生猪养殖提供信息化和智能化水平指导。全区生猪产业科技支撑体系日益强化，发展基础得到夯实。

（五）多元化投入格局有效构建

全区百万头生猪生态养殖项目已累计投资 19.26 亿元，其中区级财政资金投入 5.71 亿元，重庆万州德康农牧科技有限公司投入资金约 5.89 亿元，养殖业主自筹资金 6.36 亿元（含银行贷款 1.64 亿元），重庆三峡农业集团有限公司利用中国农业发展银行专项贷款投资 1.30 亿元。全区生猪产业发展获得多层次、多渠道资金支持，逐步构建了财政优先保障、金融重点倾斜、社会积极参与的多元化投入格局。

三、人才技术与平台建设

万州百万生猪生态养殖产业发展，离不开当地推广部门、研究机构和当地高校的支持。为推动万州区生猪产业转型升级，促进养猪业高质量发展，加快推进万州山地高效农业，带动辐射渝东北区现代山地高效特色农业带发展，万州区人民政府同重庆市畜牧科学院在 2021 年经双方同意依托国家生猪技术创新中心和重庆市畜牧科学院相关平台和技术支撑，联合万州区畜牧产业发展中心和重庆三峡职业学院组建重庆市畜牧科学院万州分院。

（一）重庆市万州区畜牧产业发展中心

2023 年机构改革后，万州区将重庆市万州区畜牧技术推广站、重庆市万州区动物疫病预防控制中心整合，成立重庆市万州区畜牧产业发展中心（图 2-7），核定全额拨款事业编制 80 名，现有在编人员 66 人，其中畜牧（兽医）专业技术人员 57 人，管理等人员 9 人；研究生学历 20 人，本科学历 31 人，专科学历 13 人，其他学历 2 人；正高级职称 2 人，高级职称 11 人，中级职称 27 人，初级职称 6 人，其他 11 人。主要承担为全区畜牧业发展和技术推广、畜禽及畜禽产品防疫检疫提供服务保障，贯彻执行关于畜牧产业发展和技术推广、畜禽及畜禽产品防疫检疫的法律法规、规章和方针政策，承担畜牧业信息采集、发布和咨询服务，承担畜禽养殖废弃物综合利用的指导和服务，承担辖区动物疫病的监测、检测、诊断、流行病学调查、疫情报告等职责，提供动物疫病净化、消灭等技术支撑，承担全区动物及动物产品检疫、全区病死畜禽无害化处理、动物防疫条件审查、动物卫生监督检查站管理等事务性工作。

图 2-7 重庆市万州区畜牧产业发展中心揭牌仪式

目前，区、镇乡（街道）两级技术推广机构共 50 个，均为全额拨款事业单位，镇乡（街道）畜牧技术机构管理体制中，人、财、物"三权"以镇乡（街道）管理为主。镇乡（街道）畜牧技术推广机构现有在编畜牧技术人员 141 人，其中研究生学历 5 人，本科学历 23 人，专科学历 73 人，其他学历 40 人。开展主要工作如下。

1. 大力发展生猪全产业链条

以百万头生猪生态养殖项目为抓手，加强标准化规模养殖场建设，从规范建设、标准化饲养、粪污治理等方面进行督促指导，优化养殖基础条件，规范生产管理，在全国率先整区推广"碳钢网床＋益生菌＋异位发酵"生态养殖技术，推进畜牧业设备化、智能化、信息化管理水平不断提升。目前全区共建设规模养殖场 563 个，其中生猪养殖场 407 个，占全区规模养殖场的 72.3%。

积极引进建设 20 万 t 生物有机肥厂、50 万 t 饲料厂、35 万 t 益生菌和饲料厂、100 万头屠宰及 3 万 t 肉食品加工厂等，扩充前后端产业链，为养殖业发展筑牢基础。

2. 不断完善种业体系

实施万州区生猪良种补贴项目,提高万州区生猪良种优质率;现建成3个区级的种猪场,为万州区种畜禽发展夯实了基础。

3. 加快推进生猪养殖粪污资源化利用

加强养殖场日常监管工作。引导养殖场不断完善升级粪污资源化利用设施,对已建粪污配套设施未达标的养殖场继续提升改造,真正实现养殖场粪污干湿分离、雨污分流、资源化利用。成立8个业务小组,定期开展生猪生态养殖场粪污资源化利用巡查工作,同时联合环保部门、执法部门、镇乡(街道)农业服务中心对重点养殖场开展联合督查,对存在粪污处理不规范、场内环境差、养殖档案未完善等问题下达整改通知,限时整改到位,形成闭环管理。

积极开展生猪粪污资源化利用实用技术示范推广。一是通过发酵棚改扩建、余水供水管网改造、生猪粪(尿)发酵能力提升等项目的实施,帮助养殖场进行水的管控,提升生态养殖场粪污资源化利用能力,同时采取新建种养循环示范基地模式,选取47家养殖场开展示范推广,果园推广面积达14 950亩,总结形成了一套科学、高效、可持续的畜禽种养循环技术体系。二是实施有机肥替代化肥项目。争取区财政资金投入,主要用于生态养殖场运输至有机肥厂的运输补贴和商品有机肥的使用补贴,鼓励生态养殖场通过异位发酵生产有机堆肥。三是出台《万州区生猪生态养殖粪污资源化利用示范场评选和奖励办法(试行)》,通过生猪生态养殖粪污资源化利用示范场的创建,提升养殖业现代化治理水平,提高污染控制与粪污资源化利用水平,形成标杆带动作用,引导养殖场(户)效仿学习,推进产业和环境保护齐头发展。

4. 聚力筑牢动物疫病防控屏障

织牢动物疫病防控屏障。常年开展春秋两季集中免疫、消毒,加强日常生猪疫病监测及流行病学调查,对生猪疫病及时溯源,及时处置,保障生猪养殖健康发展。

形成无害化处理万州模式。依托重庆畜禽无害化处理监管信息系统,借助"互联网+"技术,推进病死生猪无害化处理和保险联动试点工作,建立跨区域委托无害化处理协作模式,实行分区域集中收集,确保应收尽收。全区共有628家（户）生猪养殖场开展病死猪集中无害化处理。

强化生猪卫生监督管理。重视产地检疫监管，加强官方兽医管理，规范无纸化检疫出证工作；抓实屠宰检疫监管，落实"两项制度"，严格动物及产品调运监管；发现违规违纪线索立即移交执法部门处理。

5. 积极开展技术服务

升级智慧养殖场建设。建成全市领先的智慧猪场，实现生猪养殖的精准化环境采集和控制，实现数字化标准生产管理，提高绩效，降低养殖成本。同步规划有万州区数字畜牧平台建设项目，计划新建全区数字畜牧平台，新建两个智慧养殖场，升级智慧养殖设施。

依托科研机构合作开展技术推广。联合重庆市畜牧科学院、重庆三峡学院、重庆三峡职业学院共同开展科研项目，成立了万州分院试验示范基地，开展有液态饲喂实验和教学实验研究。

开展技术宣传培训。采取线上线下结合、理论联合实际的方式，常年开展动物防疫、应急处置、资源化利用、养殖技术等宣传培训，成功承办重庆市突发动物疫情应急演练活动，健全突发重大动物疫情应对工作机制。

（二）重庆三峡职业学院动物科技学院

重庆三峡职业学院动物科技学院（图2-8）是国家双高计划中国特色高水平专业群建设立项单位，现有畜牧兽医（国家级骨干专业、教育部现代学徒制试点专业、市级示范重点专业）、宠物医疗技术（市级骨干专业）、动物医学、动物防疫与检疫、动物药学、宠物养护与驯导、水产养殖技术等7个特色专业，在校生人数4 000余人。现有专兼职教师100余人，其中教授6人，副教授14人，博士14人（含在读2人），研究生学历共计70人，拥有全国技术能手1人，全国职业院校技能大赛优秀指导教师2人，全国轻工技术能手1人，全国农业职业教育教学名师1人，全国优秀青年兽医师2人，重庆市教书育人楷模1人，重庆市高校中青年教师2人，市级创新团队2个，市级"黄大年式"教师团队1个。现有12 000 m² 现代畜牧科技大楼，拥有现代生猪产业科技馆、动物疫病检测诊断中心、生猪大数据中心、智慧养殖示范教学中心、畜牧虚拟仿真实训中心、教学动物医院等一批特色实训教学平台，仪器设备总值达2 000余万元，建立校外实习实训基地近 200 个。

自 1958 年以来，已培养近万名优秀毕业生。近五年学生就业率达 98% 以上，学生取得全国技能大赛一等奖 2 项，二等奖 4 项；取得全国行业技能大赛创业大赛特等奖 7 项，一等奖 15 项，二等奖 20 余项，各级各类大赛成绩位居全国前列；招收国际留学生班 3 个。学院已成为西南地区现代畜牧业技术技能人才培养的重要摇篮。

图 2-8　重庆三峡职业学院动物科技学院

1. 牵头成立重庆生猪产业协同创新研究院

开展人才互聘，重大项目攻关、中小型企业协同创新、成果转化，加入科技部 100+N 协同创新工作体系。设立"繁殖与育种"等 5 个研究室，吸引 12 名高水平科研人员共建创新团队，联合企业和科研院所攻关生猪产业绿色发展关键技术 13 项；与正大集团、德康集团及梁平区共建 5 个企业技能大师工作室；省级及以上科研项目立项 34 项。获全国农牧渔业丰收奖二等奖 1 项，获省级科技进步奖三等奖 1 项；"生猪养殖关键技术"团队入选重庆市高校创新研究群体。

校企共同开发了"面向 2035：中国生猪产业高质量发展关键技术"系列丛书 12 本，该丛书是"十四五时期"国家重点出版物出版专项规划项目。

2. 聚焦乡村振兴，打造"三农"服务特色品牌

一是学院在重庆市成立了首个乡村振兴学院并建立了 12 个分院，将职业教育真正办到了"农村的田坎上、农民的心坎上、农业的命脉上"。创

新了以"田间学院"为载体的"三农"人才培养模式；开发农业经理人教材 5 种，乡村"育训"教材 33 部，在库区农村累计开展实用技术、经营管理、新型职业农民和高素质农民培训 3 万人次以上。在巫溪县天元乡、万州区龙驹镇、恒合乡等地举办了乡村人才学历教育特色班，将大学办到了农民家门口。

依托重庆市现代农业技术应用推广中心和"三峡动科 120"服务平台，以科技特派员、骨干教师为主，组建了"动物疫病防治"等 3 个科技服务团，服务畜牧业中小微企业 127 家，其中科技型企业 18 家。每年针对农户和企业开展技术服务、技术指导咨询 3 000 余人次。依托乡村振兴学院开展社会培训，出版《猪病防控技术》等 10 种特色田间培训教材，编写养殖技术系列学习手册 6 本，制作田间微课 53 个，开展养殖技术、疫病防治、牧场建设与管理等培训 13 000 人次以上。

2021 年，学校入选全国乡村振兴人才培养优质校，"'田间学院'助推乡村振兴——涉农高职院校'三农'人才培养模式创新与实践"获全国教学成果奖二等奖。共荣获重庆市"脱贫攻坚工作先进集体""乡村振兴十大年度人物"等集体和个人表彰 19 项。学校扎根库区、围绕现代农业办学、服务乡村振兴被国务院官网、《人民日报》等主流媒体多次报道，央视《焦点访谈》栏目进行了长达 15 分钟的专题报道等。

（三）重庆市畜牧科学院万州分院

由重庆市畜牧科学院、重庆三峡职业学院和万州区畜牧产业发展中心共同组建的重庆市畜牧科学院万州分院现有科技人员 100 余人，其中正高级职称 13 人，副高级 24 人，博士 16 人。万州分院在万州区高梁镇天鹅村共建分院基地（图 2-9，图 2-10），打造成万州区先进技术的试验示范基地和三峡职业学院的教学实习基地以及现代畜牧技术人员的培养基地。

1. 畜牧关键核心技术攻关

利用重庆市畜牧科学院人才技术优势完成相关畜牧领域关键核心技术攻关课题研究，解决产业发展技术难题，推动万州区生猪产业升级。

2. 产业技术指导培训与推广

开展以万州区生猪产业技术指导培训，品种培育与引进、营养与饲料、疫病诊疗防控、养殖环境与工程、畜禽废弃物资源化利用等方面的深度研究与推广工作。

图 2-9　重庆市畜牧科学院万州分院试验基地揭牌仪式

图 2-10　重庆市畜牧科学院万州分院试验基地开展科学试验

3. 团队组建及平台建设

依托国家生猪技术创新中心成立万州区的生猪遗传育种与繁殖、营养与饲料、疫病防控、养殖环境与工程、生猪大数据等五大领域的创新团队及相关平台，同时成立相关大师工作室。

4. 引企促建产业示范园

帮助万州区引进饲料、生猪屠宰、冷链物流、畜牧机械、养殖废弃物处理及有机肥生产研发制造企业，促进万州畜牧科技产业示范园建成。

（四）万州区生猪产业创新团队

根据《中共重庆市委农村工作暨实施乡村振兴战略领导小组办公室关于印发〈农业农村板块争先创优赛马比拼工作方案（试行）〉的通知》（渝委农办〔2023〕6号）、《重庆市农业农村委员会关于优化设置重庆市现代农业产业技术体系创新团队的通知》（渝农发〔2023〕74号）等文件要求，结合万州区农业产业发展实际，决定建立万州区现代农业产业技术体系创新团队，总体目标是围绕万州区"7+5"现代化农业体系，建立一支政治坚定、政策熟悉、技术过硬、服务到位的现代农业产业技术体系创新团队，进一步提升农业科研实力、补齐产业发展短板，为万州区农业科技创新发展工作提供重要支撑，围绕万州区生猪产业发展现状成立了一个生猪产业创新团队。

（五）万州区平湖英才

2023年万州区畜牧产业发展中心副主任被评为万州区2023年平湖英才。该副主任33年如一日扎根基层，躬耕畜牧事业，科技下派18年，积极开展科技攻关，累计开发饲料兽药新产品300多个，编写技术资料近30万字，销售20多亿元，利税近3亿元，参与创办企业"重庆市三峡牧业（集团）有限公司"获评农业产业化国家重点龙头企业、重庆市高新技术企业。2020年任畜牧技术推广站副站长以来，作为重庆市重点、万州区重大项目"百万头生猪生态养殖项目"的技术领头人，负责项目建设的技术指导、督查管理等工作，保障项目按期建成投产。牵头组建重庆市畜牧科学院万州分院、国家生猪创新中心万州产业技术中心等科研平台，广泛开展科研项目，积极申报国家专利和标准，牵头完善了万州区生猪生态养殖技术模式，入场技术指导1 500场次以上、开展技术培训1 000人次以上，推动万州区生猪产业高质量发展。

四、屠宰加工

自2019年万州区实施生猪屠宰资源整合至今，全区58家屠宰企业，

56家屠宰场点已关闭，暂保留两家城区生猪定点屠宰场生产过渡，保障过渡期间全区肉品市场供应。目前，由8家整合重组屠宰企业入股组建的重庆联力食品有限公司已完成股权确认、工商注册、合作方案等实质性整合事宜，亟须落实社会化生猪定点屠宰场征地及建设等相关手续。万州区现有30万头屠宰规模生猪定点屠宰企业2家（重庆市万州蓝希络食品有限公司、重庆市万州区鑫申宝食品有限公司），严格落实屠宰环节官方兽医派驻制度。2023年，万州区共屠宰生猪491 315头（重庆市万州蓝希络食品有限公司312 019头、重庆市万州区鑫申宝食品有限公司179 376头）（图2-11，图2-12），目前万州区生猪屠宰存在的主要问题如下。

图2-11　重庆市万州蓝希络食品有限公司屠宰场

图2-12　重庆市万州区鑫申宝食品有限公司屠宰场

(一)城区生猪屠宰企业无法有效供应偏远镇乡

全区现有的生猪定点屠宰场,至距离屠宰场最偏远的镇乡单程车程约为 80 km,且部分路段为乡道、县道,在暴雨等极端天气影响下偶有滑坡、泥石流、洪水封闭道路的风险。该部分镇乡由于地理条件限制,猪肉产品供应存在冷链物流运输成本高、时间长、不稳定等问题。长此以往,私屠滥宰频发,未经检疫病死猪肉产品流入市场可能对食品安全造成危害。

(二)社会生猪屠宰资源整合进展缓慢

目前新建生猪社会化屠宰厂搬迁进驻经开区有其实际困难性,即经开区高峰大寨食品加工园规划用地 1 000 亩,经测算征地和基础设施配套等投入约 8 亿元,经开区希望多家企业同时入驻,提高土地使用效率,但德康集团屠宰深加工项目受猪周期价格下行影响,短期内无法实施。

五、品牌建设与贸易

(一)品牌建设情况

万州区坚持将生猪品牌建设作为提升农产品市场竞争力、提高农业附加值、增加农民收入关键环节,推动"绿色兴农、品牌强农"战略全面实施(图 2-13,图 2-14)。截至目前,生猪方面品牌主要以腌腊制品和加工产品为主。重庆土家福农业开发有限公司生产的香肠腊肉,重庆市姜米花农产品有限责任公司生产的腊肉粽子,重庆市劲牛食品有限公司生产的香

图 2-13 "源味三峡"品牌

图 2-14 "三牧生态黑猪"品牌

肠腊肉被评为"巴味渝珍"授权产品。重庆市达优食品有限公司开发的万州杂酱面传统制作技艺被评为市级非物质文化遗产。重庆明海食品有限公司的"明海卤业"被评为重庆老字号品牌。

目前，万州区主要是以项目形式支持品牌建设。按照《重庆市万州区人民政府办公室关于印发万州区山地高效型农业发展扶持管理办法的通知》（万州府办发〔2019〕49号）、《2023年万州区农产品品牌建设奖补方案》，要求在万州区内注册登记，从事农产品生产、加工、经营的企事业单位、农民专业合作社、其他经济组织或个人，对2023年度新获证或到期续报通过的（含2022年新获证或到期续报通过的但在2022年度未进行奖补的）有机产品、全国名特优新农产品、特质农品、重庆名牌农产品、绿色食品、比赛获奖、巴味渝珍授权产品、市级地方标准等进行奖补，奖补标准如下。

（1）获得中国绿色食品发展中心农林产品有机食品、农业农村部全国名特优新农林产品认证的，每个产品奖励5万元，到期续报通过后奖励2万元。

（2）获得农业农村部特质农品、重庆绿色食品协会重庆名牌农产品认证的，每个产品奖励3万元，到期续报通过后奖励1万元。

（3）获得中国绿色食品发展中心绿色食品认证的，首次认证和到期续报均实行梯度奖励机制，同一企业同一年度在绿色食品认证时申报数量按照新认证加续报累计原则计算梯度，优先计算新认证梯度，最高奖励不超过10万元（含10万元）。新认证的：同一企业认证多个产品的，第1～2个每个奖励2万元，第3～6个每个奖励1万元，第7～10个每个奖励0.5万元。到期续报的：按照新认证标准减半执行。

（4）获得国家部委或省（直辖市）人民政府主办的综合性农林展会、博览会评选奖项的，金奖（一等奖）产品每个奖励2万元，银奖（二等奖）产品每个奖励1万元。

（5）获得重庆市农业农村委授权的巴味渝珍产品，每个奖励1 000元。

（6）获批农产品市级及以上地方标准的，每个奖励5万元。

（二）消费贸易现状

万州区2022年总人口173万人，2022年全区猪肉产量8.70万t，人均占有量为50 kg。猪肉产量完全能满足本区域消费需求，同时还有余量对外调运。

第三节 生猪产业存在的主要问题

一、品种繁育

在生猪生态养殖产业中，品种繁育作为产业链的起点，对于后续养殖过程、肉质品质、疾病抵抗力及整体经济效益均有着深远的影响。万州区作为重庆市的农业大区，其生猪生态养殖产业的发展状况对于区域农业经济的稳定与增长具有重要意义。然而，经过深入调研与数据分析，我们发现万州区在生猪品种繁育方面存在诸多亟待解决的问题。

（一）繁育体系结构失衡、职责定位不清

与全国其他养猪大区相比，万州区生猪繁育体系"曾祖代（原种场）—祖代（扩繁场）—父母代（商品场）—商品代（终端育肥场）"的结构层次存在配套比例不科学、生产定位不清晰的问题。以万州德康为例，处于"金字塔"塔尖的原种场布局在重庆市石柱县，万州区没有原种场。处于第二梯队的扩繁场数量较少，目前万州只有1家3 800头母猪的柱山扩繁场，与万州区德康年产70万头商品场猪的需求不适应，造成种猪空缺断层，种猪生产紧缺。且各层次之间职责分工不明确的问题比较突出，扩繁场既从事良种繁育又从事商品猪育肥，商品场拥有种畜群和商品代后，"另起炉灶"向种畜发展，自行留种或进行新品种培育，不再接受原种场、扩繁场提供的优秀种猪，无序的生产破坏了统一的育种计划，动摇了繁育体系的基础，没有形成纯种选育、良种扩繁和商品猪生产三者有机结合的良种繁育体系。

（二）"重引轻育"问题突出、良种供应能力不足

育种工作技术性强、投资大、见效慢，万州区以德康为代表的大型养殖企业不愿过多投入人力和物力，育种积极性不高，总觉得通过国外引种买种省事省心，生猪繁育重引进、轻选育，对外依赖性较大，经常陷入"引种—退化—引种"的恶性循环，既浪费了资金，又增加了带入疫病的风险。同时部分龙头企业对已从国外引入种猪育种工作缺乏足够重视，种猪生产性能测定工作不规范、测定数量少，品种登记没有有效开展，种猪系谱档案记录不完整，无法做到科学的选种选配，种猪质量难以得到持续提升，没有形成优势品牌，市场认可度不高。

（三）资源要素分配不均、育种基础工作薄弱

育种创新资源要素分配不均，开展育种工作急需的材料、人才、资金主要集中在科研院所和高等院校，以万州区德康公司为代表的养殖企业为主体的商业化育种体系尚未形成，育种创新能力和动力不足，商业化育种进程滞后。长期以来，万州区德康农牧科技有限公司与重庆市内其他开展育种的科研院校和企业缺乏必要的合作与交流。加之，万州区还没有形成育种企业、科研院校和畜牧技术推广部门"三位一体"的育种协作组织，育种机制不健全，难以组织开展跨区域选种选育，使得优良种猪的利用率不高，阻碍了育种改良工作的进展。而且万州区大部分养殖企业的种猪品质管理标准体系不健全、质量检测设备缺乏、测定等级划分不精细，种猪个体生产性能差异较大，严重影响了育种工作质量。

（四）品种结构单一，多样化需求难以满足

目前万州生猪生态养殖户在品种选择上倾向于某些特定的瘦肉型良种猪，如大约克、长白、杜洛克等，这些品种因其瘦肉率高、生长速度快、饲料转化率高等优点而受到青睐。万州区仅有的三牧集团和奇昌公司养殖的黑猪产量较少，产品是从外地引进，无法满足老百姓对大量高品质猪肉的需求。过度依赖少数几个品种进行养殖，没有形成万州地区自己的地方猪品种特色，这不仅影响生猪养殖业的长期发展，也可能对生物多样性造成损害。

（五）基层技术人员匮乏、繁育体系支撑不足

繁育技术人员的匮乏是万州区生猪生态养殖产业面临的另一个严峻问题。由于缺乏专业的繁育技术人员，许多养殖户在种猪选育、配种、妊娠监测等方面缺乏科学有效的指导和管理。这不仅影响了繁育效果，还增加了养殖成本和风险。以万州为例，全区现有畜牧工作人员176人，50岁以上的132人，占总人数的75%，队伍老龄化严重，部分人员由接班、转岗进岗，专业能力较弱，没有安排专业育种人员指导养殖户开展育种工作。同时畜牧工作量大、点多面广，监管指导任务繁重，与现有业务人员不足的矛盾较为突出。

二、饲料生产加工与供应

在生猪生态养殖产业中，饲料生产加工环节扮演着至关重要的角色。饲料的质量、安全性和营养平衡直接关系到生猪的生长速度、健康状况和肉质品质，进而影响到养殖效益和市场竞争力。然而，在实际的生产与加工过程中，却存在着一系列问题，这些问题不仅影响了饲料的品质和安全性，还制约了生猪生态养殖产业的健康发展。

（一）饲料原料成本高、质量不稳定

饲料原料生产成本的高低直接影响到养殖效益和市场竞争力。万州区本地无法满足生产饲料的大宗玉米、豆粕等的需求，需要大量从其他产区引进，造成原料成本较高，同时质量问题无法保证。一方面，由于饲料原料价格的不稳定和市场波动等因素的影响，饲料生产成本存在较大的不确定性；另一方面，万州区饲料原料玉米、豆粕等大部分是通过万州区的水路港口进入，加上部分原料国外较国内价格低，故大部分原料为外来进口产品，不易把控相关产品质量，导致饲料原料质量不稳定。

（二）发酵饲料生产产量较少

饲料加工工艺是影响饲料品质和安全性的重要因素之一。传统的生产

方式往往伴随着资源消耗大、环境污染严重等问题,这与当前国家提倡的绿色发展、循环经济理念相悖。同时,随着消费者对食品安全和品质的日益关注,对饲料品质和安全性的要求也越来越高。然而,在实际的生产过程中,万州区大部分养殖户和饲料生产企业仍然采用传统的加工工艺,缺乏发酵饲料的加工设备和技术。目前仅有重庆三峡漓源饲料有限公司1家饲料企业在生产发酵饲料,但是产量相对较小。这不仅影响了饲料的营养成分和消化率,还可能导致饲料中的有害物质残留和微生物污染,从而威胁到生猪的健康和养殖效益。

(三)豆粕减量替代行动进展缓慢

党的二十大报告中指出,要树立大食物观。以低蛋白、低豆粕、多元化、高转化率为目标,聚焦"提质提效、开源增料",统筹利用植物动物微生物等蛋白饲料资源,推行提效、开源、调结构等综合措施,加强饲料新产品、新技术、新工艺集成创新和推广应用,引导饲料养殖行业减少豆粕用量,促进饲料粮节约降耗,为保障粮食和重要农产品稳定安全供给作出贡献。

但是万州区在替代行动中还存在一系列问题:一是饲料企业参与减量化的主动性不高。只有当豆粕市场价居高不下时,企业为节省成本才会被动的进行减量替代,在豆粕减量替代技术开发方面存在短板;二是养殖行业认知不足。中小养殖户参与减量的主动性不足,部分养殖户片面地认为饲料的蛋白含量越高越好,存在豆粕减量替代会影响动物的生长效果的陈旧观念,阻碍了减量替代技术的推广;三是政府层面参与程度不够。受经济大环境影响,财政资金几乎没有这方面的投入,出台的政策性措施大多是鼓励性的,对饲料企业的监管引导、专项行动推进的重视程度受生猪疫病、产量供给、消费市场淡旺等多种因素制约。

(四)地源性饲料利用不足

地源性饲料是指经过饲料化加工处理后可规模化饲用的地方性饲料资源的总称,具有特色的营养价值,但是不易加工处理、流通成本高、易变质、季节性强和有一定地理范围局限性。高效利用地源性饲料,不仅提高了资源利用率，防止废弃农副产品处理不当造成的环境污染，还降低了饲料原料运输成本及碳排放，实现环境和经济的双赢。

万州区地源性饲料较丰富，有酒糟、柑橘渣、甘薯、豆渣、榨菜叶等，地源性发酵饲料在万州应用主要在小型家庭养殖户在利用当地农业副产物饲喂生猪，但是在其制备、应用、推广过程中仍存在很多问题：①地理气候各地不同，开发应用过程中需要因地制宜，不能照搬硬套。万州区地貌类型复杂多样，境内山地、丘陵、河谷相互交错，低山、丘陵面积约占1/4，低中山和山间平地面积约占1/4，极少平坝和台地，且零星散布。不同于我国北方的大面积平原地貌，山地丘陵地貌不利于地源性饲料原料的大宗机械化收集。且万州区全年气候湿热，不利于含水量较高的地源饲料的保存及发酵，需要开发适用于西南地区气候和地源饲料原料的发酵、青贮工艺。②缺乏复合型人才。地源性饲料应用需要多学科融合，打通发酵工程、养殖设施、饲料配制、饲喂系统等之间的隔阂，需要打造专业技术团队。现阶段，万州区发酵饲料都以小型家庭农场为主，发酵生产设备落后，生产设备、技术储备及专业人员都十分有限。③非常规饲料兴起，势必会带来新的饲料原料质量控制的问题。此外，非常规饲料营养成分变异大，养分消化率低，营养成分不平衡，且含有抗营养因子和有毒有害物质，因此，在营养价值参数、加工工艺参数等方面的研究积累急需加速。需要进行较为复杂加工处理工艺，如热处理、膨化、化学处理、酶解和生物发酵等，以提升其饲用价值，并配合常规饲料应用。但是，对于发酵饲料行业内目前还没有形成统一的生产技术标准、品质鉴定标准，难以稳定供应，且饲喂动物种类以及饲料加工、储存、运输、饲喂条件等因素的差异，往往导致应用效果不稳定。建立完善的发酵饲料的生产标准、行业检测标准和检测方法十分必要。发酵原料品控、发酵基质配比、发酵条件等工作不到位往往会限制发酵效果。且发酵设备还无法做到小型化和便捷化，不能在养殖终端直接实现原料发酵。湿拌料或液体饲喂系统还未大范围普及，限制了地源性饲料的终端应用。④市场竞争激烈。地源性饲料较适合生猪、肉牛和肉羊等育肥期动物，主要在有地源性资源的区域进行推广，但在一定程度上会和传统饲料企业产生市场竞争。

三、生物安全与防疫

在生猪生态养殖产业中，生物安全与防疫问题不仅关乎养殖户的经济效益，更直接关系到生猪的健康状况、肉质品质以及消费者的食品安全。对于万州区而言，其生猪生态养殖产业在生物安全与防疫方面存在一系列亟待解决的问题，这些问题若不及时解决，将严重制约产业的可持续发展。

（一）防疫思想认识不足

缺乏长期、系统的防疫观念。在万州区的部分养殖户中，存在着对防疫工作重要性认识不足的问题。他们往往将注意力集中在生猪的生长速度和饲料成本上，而忽视了生物安全与防疫对于保障生猪健康和提高经济效益的关键作用，这使得他们在日常养殖过程中忽视了生物安全管理和预防措施的实施，导致疫病防控的漏洞较多。

（二）缺乏长期、系统的防疫观念，部分生猪生态养殖户在疫病防控方面缺乏主动性和预见性

他们往往是在疫病暴发后才匆忙采取措施，而不是在疫病发生前进行有效地预防和控制。这种被动的防疫模式不仅增加了疫病暴发的风险，还可能导致疫情迅速蔓延，给养殖户带来巨大的经济损失。

（三）防疫硬件条件较为简陋

万州区部分生猪生态养殖场因修建时间较长，设施设备简陋，消毒设备配备不能满足要求，通风换气设备配套不全，采光差，缺少纱窗、网等防蚊虫设施，食槽、漏粪板简陋。栏舍环境差，栏舍内采食位置离排便区较近，饮水区与排便区相邻，导致环境潮湿、肮脏，猪只无干爽的休息区域。

（四）生物安全措施不到位

生物安全措施是预防和控制疫病的关键。然而，在实际操作中，部分

养殖户在生物安全方面投入不足，导致养殖环境容易滋生和传播病原微生物。例如，猪舍卫生管理不规范，缺乏定期清理和消毒措施；饲料和水源管理不严格，存在污染和交叉感染的风险；人员进出猪舍不经过消毒处理，容易携带病原微生物进入养殖环境。这些生物安全措施不到位的问题使得病原微生物在养殖环境中得以滋生和传播，增加了生猪感染疫病的风险。同时，也增加了疫病防控的难度和成本。

（五）基层缺乏疫病防控经验专业人才

基层兽医站是当前我国主要的检疫和疫病防控机构，其在动物防疫工作中有着重要的价值。当前万州区部分乡镇防疫人员专业知识不足，不能把新型的防控理念融入防疫工作中，养殖人员缺乏科学的养殖方法，这些都会对防疫工作的落实起到阻碍作用。随着万州区养殖业的产能不断释放，数字化、信息化、行政化内容要求越来越多，万州区、镇乡（街道）两级畜牧技术推广机构承担职能职责内容不断增多，范围越来越广，增加了畜禽监测、畜产品质量安全监管、粪污资源化利用等工作内容，区级畜牧技术推广机构还承担了动物卫生监督所相关的屠宰、产地检疫，指定道口检查站、无害化处理、动物防疫条件审核等事务性工作，但是人员、经费、设备没有相应增加。面对突发的疫病疫情，部分养殖户缺乏有效的应对措施，他们往往缺乏专业的兽医技术支持和疫病防控经验，导致在疫病发生时难以迅速、有效地控制疫情。由于缺乏专业的兽医指导和支持，部分养殖户在疫病处理过程中存在盲目性和不规范性，这不仅无法有效控制疫情，还可能加剧疫病的传播和扩散。

（六）疫病检测力度不够

万州区部分散养户和小规模生猪生态养殖场养殖条件比较差，养殖主体大多是老年人，文化素养以及对新事物的接受程度都比较低，导致一些新型快速检测手段的宣传推广受阻，同时部分乡镇距离万州城区较远，导致动物疫病的防控和净化工作开展极为困难。

四、粪污资源化利用

（一）对粪污资源化利用的认识还存在偏差

1. 对粪污资源化利用重要性和紧迫性认识不足

万州区部分养猪从业人员不同程度存在"重经济轻环保""重发展轻治理""放任自然消减"的思想。部分乡镇将粪污资源化利用仅当任务完成，未发挥主观能动性，未积极探索资源化利用工作机制和模式。有的没有意识到生猪粪污已成为制约生猪养殖持续发展的制约因素；有的知识更新较慢，对粪污资源化利用的新模式了解不充分。

2. 存在畏难情绪、缺乏工作耐心

万州区部分乡镇认为粪污资源化利用防治难度大、见效慢，而不愿投入和推动，存在"依指标而完成""视督查而整改"的现象，粪污资源化利用大多停留在点上；简单地把工作推动不力的原因归结为农民文化程度低、环保意识不强、法律意识薄弱、不顾长远利益等。对粪污资源化利用的复杂性、长期性缺乏足够认识，推进粪污资源化利用的钉钉子精神、打持久仗的准备还不够。

（二）粪污资源化利用存在短板

1. 生猪粪污资源化利用工作任务依然繁重

虽然大多数生猪养殖场已配套了治理设施，但雨污分离、干湿分离、收集储存、处理发酵及还田管网等设施，由于运维费用较高，处理设施运行不畅或未运行普遍存在，督促养殖场业主正常运行治污设施设备依然是粪污资源化利用工作的重点。生猪养殖点多面广、排污隐蔽性较强，监管难度大，粪污直排偷排暗排仍然存在。

2. 生猪养殖污染风险较大

虽然生猪规模养殖场、专业养殖户粪污处理设施装备配套率较高，但部分设施建设规范标准不高，工艺较落后；少数老旧养殖场污染防治设施陈旧滞后，建设管理不规范、雨污分流不彻底；有的粪污异位发酵后形成的有机肥不能及时清运，部分小规模专业户和散养户对畜禽粪便只做简单堆积，存在粪污积压造成污染的风险。

3. 设施设备配套依然未实现全覆盖

主要是生猪散养户（年存栏20头以下）多数没有配备粪污处理设施设备，但散养户在畜禽养殖中又占有较大比例，部分存在直排现象，资源化利用形势依然严峻。

（三）种养循环发展路径还不够通畅

1. 种养衔接不够紧密

随着农业产业向规模化发展，多数养殖主体与种植主体分离，养殖大户不种地，种植大户不养殖。大部分生猪养殖场粪污量大且集中，受季节限制、农村劳动力缺乏、运输不便、有机肥补贴缺失等因素制约，部分粪污资源无法得到充分、有效利用。部分地方种养布局规划不够合理，由于受基本农田保护等限制，畜禽养殖场选址、田间粪污暂存池用地困难，难以实现种养殖有机搭配，导致粪肥收集、运输成本偏高影响施用半径和成本。种养结合、农牧循环链条尚未全面形成。

2. 循环利用水平不高

虽然目前生猪养殖粪污综合利用率较高，但大多以还田还土为主要方式。养殖废弃物资源分散不集中，收储运体系不健全，机械化作业程度低；缺乏综合利用长效运营机制，利益链条不完整，产品成本较高、商品化水平较低、农民参与积极性不高，粪污高价值利用方式尚处于探索阶段，未形成综合利用产业。以万州玫瑰香橙施肥1次为例，一亩果园施用化肥需200元左右，用1个工；施用有机肥需500元左右，用3个工；有机肥施用成本较高，且对劳动力要求较高，导致有机肥推广普及滞后。

（四）组织保障还有待进一步加强

1. 部门工作合力还未完全形成

粪污资源化利用工作涉及财政、发展改革、自然资源、生态环境、农业农村、科技等多部门，目前缺乏总体规划，没有成体系地研究部署粪污资源化利用工作；没有专门的工作协调机制，各职能部门之间存在统筹、协调、配合不到位。部门职责职能还存在交叉，特别是农业农村部门与生态环境部门在部分职能职责上认识不一致，存在分歧，生猪养殖污染移交环境执法机构处理的机制不通畅，部门联动机制有待进一步完善。生猪粪污资源化利用以农业农村部门为主要责任部门，生态环境部门执法监管力度还不够。

2.经费投入总体不足、不平衡

生猪粪污资源化利用面广量大，投入成本高，虽然近年投入了一定资金，但普遍反映与工作需求有较大差距，投入不足。以万州区为例，2017—2020年，粪污资源化利用项目需总投资约1.7亿元，市级支持资金4 055万元，缺口高达1.3亿元。部分资金投入不平衡，粪污资源化利用设施设备建设投入占比高，有机肥生产、施用、技术研究、推广、培训等工作投入较少。市级下达的项目资金被统筹整合，导致项目无法落实。由于投入回报率低，周期长，社会资本投入较少。

3.主体责任落实不到位

养殖业主对生猪粪污污染的危害性、防治的重要性认识不足，资源化利用的主动性、责任感不强。"谁污染、谁治理"的环保要求难落实，部分中小养殖主体无力投入、不愿投入，存在公共财政为其投入处理设备的情况，且部分养殖业主以成本高为由不正常运行财政支持建设的粪污处理设施。

4.法律保障和落实还有差距

生猪粪污治理多注重原则性、倡导性，缺乏相对应的法律责任规定，执法存在盲区，生态环境部门对散养户养殖污染违法行为因没有处罚依据而难以实施处罚，部分环保违法行为无法得到及时有效处置。

（五）产业扶持政策还不完善

一是生猪粪污加工生产有机肥的企业政策支持力度相对缺乏，有机肥生产企业因建设投资大、生产成本高、销路不畅等原因配套滞后。二是有机肥推广政策支持不足。由于有机肥使用量大、所需劳动力多、施肥成本高，如果政策支持不够，示范带动效果非常有限。三是农机补贴政策支持不足。生猪养殖粪污资源化利用涉及多种农机设备，但现有的农机补贴范围有限。

第三章
扶持政策与发展措施解析

第一节　政府部门政策

一、出台生猪生态养殖扶持政策

为打赢脱贫攻坚战，切实解决贫困户增收和消除农村村集体经济组织收入空壳问题，万州区将有机农业产业化生态猪养殖项目作为增加农村村集体经济组织和贫困户收入的突破口，区委书记亲自主导，将有机农业产业化生态猪养殖项目作为农村工作的一号工程，亲自推进、督导督办。2018年出台了《中共重庆市万州区委实施乡村振兴战略工作领导小组关于印发万州区鼓励村级集体经济组织发展有机农业产业化建设项目扶持办法（试行）的通知》（万州区委乡振组〔2018〕1号）文件，整合政府资源和社会资源，制定了一系列产业扶持政策，巧妙地将龙头企业与村集体经济组织和贫困户联系在一起，启动了100万头生态猪养殖产业化项目建设工作。

2019年，因非洲猪瘟疫情原因，全国能繁母猪急剧减少，存栏不足 3 000 万头，生猪存栏只有 30 675 万头，活猪价格高达 55 元 /kg，恢复生猪生产、保种市场供应成为当务之急。国务院办公厅出台"关于稳定生猪生产促进转型升级的意见"，财政部办公厅、农业农村部办公厅出台"关于支持做好稳定生猪生产保障市场供应有关工作的通知"，中央有关部委也出台了相应的支持政策，重庆市人民政府办公厅出台了"关于切实加强非洲猪瘟防控稳定生猪生产保障市场供应促进转型升级的实施意见"。在此背景下，万州区加快推进 100 万头生态猪养殖产业化项目步伐，万州区委乡村振兴领导小组对《万州区委乡振组〔2018〕1 号》文件进行了充实和完善，新出台了"中共重庆市万州区委实施乡村振兴战略工作领导小组关于印发《万州区鼓励村级集体经济组织和贫困户合作发展有机农业产业化建设项目扶持办法（试行）》的通知"（万州区委乡振组〔2019〕5 号），进一步明确了以下七大扶持政策。

（一）村级集体经济组织发展奖补政策

508 个村级集体经济组织参股有机农业产业化项目，每建设 1 个养殖单元（饲养 50 头能繁母猪，年出栏商品猪 1 000 头以上），区财政给予 40 万元的扶持资金作为股本金，财政补助实行以奖代补。每个贫困村建设 2 个养殖单元，扶持资金 80 万元，区财政投入资金入股龙头企业。该政策有效地解决了山区农村村集体经济组织在经济发展中无项目、无资金、无人才的问题。

（二）带动贫困农户政策

每个养殖单元带动贫困农户合作建设资金不低于 20 万元。在自愿的原则下，每个建卡贫困户可以贷款通过村集体经济组织入股到养殖企业，享受 3 年固定分红，保证建卡贫困户有一定稳定收入，到期退还股本金。解决了建卡贫困户无增收途径、无增收项目、无增收投入问题。

（三）保险保费补助政策

自愿参加能繁母猪等生猪政策性保险，并自主缴纳保险费的生态猪养殖场，按上级政策性保险规定的保费补助标准和办法，在计划指标内优先安排。财政安排资金，保证生猪养殖各种保险政策的落实，做到了应保尽保。

（四）基础设施建设扶持政策

（1）供水设施。生态猪养殖场按需求建设的供水主管、蓄水池等供水设施，纳入农村"五小"水利项目优先安排。

（2）供电设施。需要安装的供电设施，电力部门予以优惠。运行用电价格享受农业用电政策。

（3）进场连接道路。进场连接道路由所在地镇乡政府、街道办事处统筹规划，区级优先安排。

（4）养殖场建设场地红线外的水、电、路基础设施建设，区级部门统筹规划，优先安排，按期完成。该项政策既保证了养殖场基础设施的需要，又减少了养殖企业的投入，有效地推进了养殖场建设进度。

（五）用地政策

（1）生态猪养殖场用地执行设施农用地政策。按照种养结合循环发展和生态猪养殖场的建设要求，尽量靠经果林基地选址，利用非耕地或流转土地建设配套附属设施用地指标建设。

（2）万州区规划与自然资源局按照养殖用地要求，在版图上将全区符合养殖用地要求的土地勾划出来，与万州区农业农村委员会、当地镇乡一道，现场落实养殖场选址，防止了养殖业主选址的盲目性。

（六）设施农用地复耕（垦）保证金优惠政策

生态猪养殖场在办理设施农用地备案手续时，其复耕（垦）保证金按最低标准缴纳。

（七）其他优惠政策

（1）优先将经营者培训纳入新型职业农民培训和农民就业培训范围。

（2）协调农业担保公司为生态猪养殖场给予60万元/单元以内贷款担保支持。

在政策激励下，养猪积极性被调动起来，很多业主开始积极投入到发展生猪产业上。

图 3-1　万州区有机农业产业化建设项目签约仪式

二、夯实生猪生态养殖措施办法

（一）加快生猪产业发展七举措

在 100 万头生态猪养殖产业化项目推进中，万州区人民政府充分展现了服务型政府功能，成立了以万州区政府分管副区长为组长，万州区政府办公室、万州区发展改革委、万州区经济信息委、万州区财政局、万州区规划自然资源局、万州区生态环境局、万州区交通局、万州区水利局、万州区农业农村委、万州区林业局、万州区金融办、国网万州供电公司、三峡水利供电公司等职能部门分管负责人为成员的有机农业产业化建设项目建设协调小组，负责研究解决项目建设中遇到的重大问题，涉及养殖场建设的镇乡街道成立由分管负责人牵头的工作组，负责解决项目选址、村集体经济组织入股、贫困户入股及项目建设中遇到其他问题。

2020 年是脱贫攻坚收官之年，农村工作的重点是巩固脱贫攻坚成果，向乡村振兴战略过渡，为此，2020 年 1 月 8 日，中共重庆市万州区委实施乡村振兴战略工作领导小组办公室印发了"关于对《万州区鼓励村级集体经济组织和贫困户合作发展有机农业产业化建设项目扶持办法（试行）》的补充通知"，对《万州区鼓励村级集体经济组织和贫困户合作发展有机农业产业化建设项目扶持办法（试行）》（万州区委乡振组〔2019〕5号）涉及贫困户参与方面采取了补充措施，对贫困户使用扶贫小额信贷资金参与投入有机农业产业化项目建设进行了全面清理，按政策要求规范了贫困户用小额扶贫贷款参与有机农业产业化项目建设行为，引入农业担保公司，对已参与合作经营的贫困户进行再担保，切实保障贫困户的利益。万州区委将生猪产业作为乡村振兴的支柱产业，高度重视生猪产业的发展，中共重庆市万州区委实施乡村振兴战略工作领导小组办公室于2020年1月16日印发了"《万州区加快生猪产业发展的意见》的通知（万州区委乡振组办〔2020〕3号）"，明确了以下七条措施。

1. 加强生猪繁育体系建设

依托大中型规模养殖场建立生猪优良种畜繁育基地，加快现代生猪良种繁育体系建设，提高生猪种源的供给能力，实现本地自供，保证生猪发展种源所需。加快重庆万州德康农牧科技有限公司柱山祖代种猪场、龙沙生猪良种供精站建设，提高优良种源供应能力。鼓励生猪规模养殖场自行培育后备种猪，开展自繁自养。加强生猪品种改良，推行优良生猪二、三元杂交，全面提高生猪品质。

2. 加快生猪标准化规模养殖场建设

通过引进、培育等方式，引导社会各界投入养殖业的发展，建设一批标准化规模养殖场。加大财政支持力度，采用以奖代补、先建后补等方式，支持全区新建、改扩建和禁养区养殖场异地重建的规模养猪场（户）完善基础设施，开展生猪养殖标准化示范场创建。加快德康集团家庭养殖场的建设进度，扩大养殖规模，改进设施装备、提高生产管理水平。优化农机购置补贴政策，支持养猪场购置自动饲喂、环境控制、疫病防控和废弃物处理等装备。

3. 持续加强金融扶持

鼓励中银富登村镇银行、重庆农村商业银行、农担公司等金融机构在做好风险防控的基础上，将土地经营权、养殖圈舍、大型养殖机械及生猪活体等纳入抵质押物范围，为符合条件的养猪场及生猪相关企业提供便利、高效的信贷担保服务。深入落实贷款贴息政策，鼓励符合条件的养殖场（户）的流动资金贷款、建设资金贷款等申报财政临时贴息。

4. 进一步完善生猪政策性保险

加强宣传工作，努力扩大政策性保险的覆盖面，做到应保全保、愿保必保、应赔尽赔和及时赔付，提高养猪场企业的复产积极性和扩产动力。稳定能繁母猪 2 000 元 / 头、育肥猪 1 000 元 / 头的保额标准，减少养殖户的损失。继续开展生猪收益保险试点，防范市场风险。

5. 积极推广养殖新技术

全面推广"低架床＋益生菌＋异位发酵"的生态养殖技术，采用源头节水减量，全程添加益生菌，对产生的粪污进行异位发酵，实现养殖产生的粪污完全利用，不造成环境污染。推广生猪人工授精配种技术，提高优良生猪利用率，降低养殖成本，减少疾病传播。推广智能化养殖技术，降低人力成本，提高生产效益。

6. 强化非洲猪瘟防控

进一步压实责任，全面落实监测排查、应急处置、运输监管等防控措施。进一步落实"生猪户口制"，持续深入开展"大清洗大消毒"，解决养殖场内外环境的生物安全问题。进一步完善畜牧兽医防控体系。进一步强化疫情报告，坚持落实日报告制度，对瞒报、迟报疫情的，严肃追责问责。特别是在冬春季节和生猪补栏快速增加的情况下，疫情风险加大，坚决堵住疫情传播漏洞，确保疫情不反弹，确保生猪生产恢复势头不逆转。

7. 加强部门协同配合

区级部门要积极支持生猪产业发展，将万州区委乡振组〔2019〕5 号文件中基础设施建设、用地、用水、用电等政策推广到全区所有生猪标准化规模养殖场建设。区规划与自然资源局在遵循种养结合、农牧循环的客观前提下，完善设施农用地政策，合理增加养猪场附属设施用地规模，参照德康集团家庭养殖场设施用地办理的优惠政策，对面上其他新发展的生猪养殖场，按农用地管理，简化备案程序，按 10 元 /m^2 收取土地复垦保证金。区生态环境局对年出栏低于 5 000 头以下的生猪养殖企业实行网上环保备案。区水利局优先支持生猪养殖场需利用的水利设施及管网建设。区交通局加快落实养猪场入场道路硬化。电力企业负责将低于 160 kVA 的电力主线架设至养殖场内，大于 160 kVA 的，电力主线架设至养殖场红线外。区农业农村委对畜禽养殖粪污生产的有机肥的使用，进行相应补贴（图 3-2）。

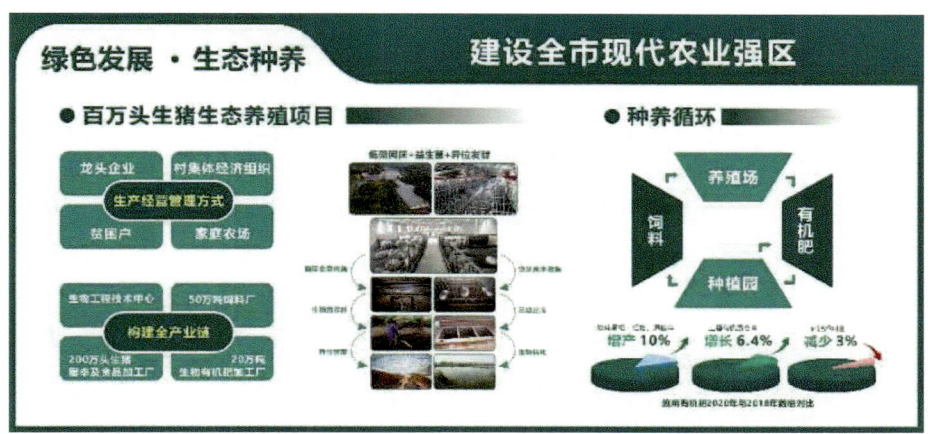

图 3-2 百万头生猪生态养殖项目种养循环示意图

(二) 有机农业产业化四举措

万州区委乡振组办《万州区加快生猪产业发展的意见》（万州区委乡村振兴办〔2020〕3号）出台后，万州区政府赓即召开专题会议研究推进有机农业产业化项目生态猪养殖场建设有关事宜，采取以下四条措施。

1. 加快推进配套设施建设

由区水利局牵头，有关镇乡、重庆万州德康农牧科技有限公司、业主参与，重庆三峡农业集团有限公司实施养殖场水源保障工程，制定取水方案，按照先急后缓的原则，优化程序，快速启动，确保水源到场。建立配套水利设施后续管理机制，明确产权，推进水价改革，收取水费解决维护资金。区经济信息委牵头，区农业农村委、重庆万州德康农牧科技有限公司配合，组织镇乡和业主参与，建立专班加快推进电力安装，逐场确定安装方案，并及时安装到位，对需要安装抽水设施等相关附属设施的，同时安装专线专表。加强电力安装质量宣传，严禁聘请非专业施工队伍施工安装。由区交通局、区农业农村委会同镇乡核实入场道路需求数据，区交通局优先安排建设指标，尽快下达建设计划。

2. 加强资金拨付和筹措

进一步加强资金拨付进度，按照万州区委乡振组〔2019〕5号文件精神，按照养殖场施工进度，尽快拨付村级集体经济组织入股资金。同时，由区农业农村委负责协调相关金融机构和创投基金优先向缺乏资金的业主提供贷款。

3. 充分发挥主体作用

重庆万州德康农牧科技有限公司切实履行项目推进中的主体责任，发挥龙头作用。把养殖场作为公司的生产车间，加强建设指导。进一步充实技术力量，1名技术员负责1~2个镇乡，包片包场指导。加强生物安全设施投入，确保养殖安全。加快养殖场建设图纸设计，在2020年3月10日前完成剩下养殖场的建设图纸设计及审查，督促养殖场业主按照设计图纸倒排工期，打表推进。重点关注签约单元数量多、资金实力不足的业主，督促其加大筹款力度，采取合伙入股、贷款融资等方式解决资金问题。提早准备猪源、饲料，开展养殖技术培训，确保建成一个投产一个。加紧落实饲料厂和屠宰加工厂的选址建设，确保全产业链有序推进。

4. 进一步完善工作机制

组建区级层面和镇乡层面两级专班，建立工作联系机制，协调解决建设过程中的具体问题；加强调度，严格执行项目建设"日报告、周调度"制度；充实人员，万州区农业农村委抽调8名工作人员成立项目建设管理工作组，分片包场做好养殖场的督促、指导、协调、服务等工作；建设现代农业强区（图3-3）。

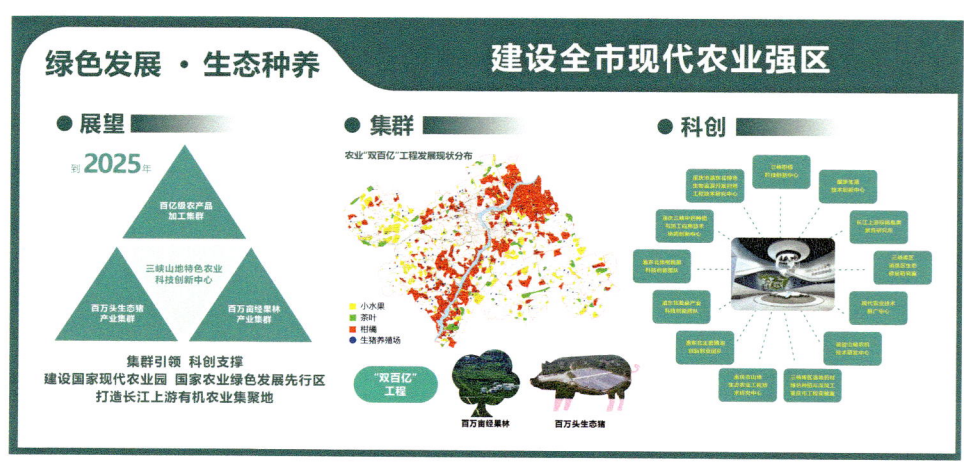

图3-3　万州区打造双百亿工程示意图

（三）资金拨付五举措

为进一步加强有机农业产业化项目领导工作，加快推进百万头生猪工程建设进度，中共重庆市万州区委办公室、重庆市万州区人民政府办公室联合于2020年3月联合发文，《关于建立"双百万"工程建设指挥体系的通知》（万州委办〔2020〕16号），成立工程建设总指挥部，由区委副书记任总指挥长，区政府副区长任副总指挥长，区农业农村委、区发展改革委、区财政局、区规划自然资源局主要负责人为成员。下设百万头生猪生态养殖项目建设指挥部，由区委办公室常务副主任、区农业农村委主任任指挥长，区农业农村委分管负责人任副指挥长，区经济信息委、区生态环境局、区交通局、区水利局、区林业局、区招商投资局、重庆万州德康农牧科技有限公司、重庆万州奇昌生物科技有限公司有关负责人为成员。指挥部下设办公室在区农业农村委，区农业农村委抽调专门人员负责日常工作。指挥部及其办公室负责贯彻落实区委关于生猪生态养殖工作各项决策部署；负责研究项目建设中的重要工作、作出工作安排；负责制定项目建设相关政策规定、调度项目建设进度、协调相关部门手续办理、开展技术指导；负责组织对项目建设工作情况开展督导检查。组织领导的进一步加强，强力推进了养殖场的建设工作，各镇乡街道行动起来，为养殖业主排忧解难，积极协调解决养殖场建设中出现的问题，极大地调动了养殖场业主的热情，开足马力，加快养殖场建设。

为提高财政资金的使用效率，发挥财政资金在项目建设中的激励作用，中共重庆市万州区委实施乡村振兴战略工作领导小组办公室突破项目建设财政资金拨付有关限制，于2020年3月就有机农业产业化养殖场建设中资金拨付工作补充了5条措施。

1. 补助资金划拨的条件

完成养殖场建设所有土地设施农用地审批备案；完成养殖场建设环评报告审批文件或备案；与万州区有机农业产业化建设项目龙头企业签订了代养协议；生态猪养殖场经营者与村级集体经济组织（社区）签订入股协议；出具相应的佐证文字、图片资料。

2. 按工程进度拨款

分两次拨款。生态猪养殖场项目完成场平，圈舍主体工程建设至窗台（主体墙体1 m以上，能确定建设单元数量时），可以申请拨付补助资金50%的金额；圈舍主体封顶、碳钢网床安装完毕、主要设施设备（包括产床、限位栏、饲料投料系统）进场、进入设备安装期拨付剩余50%的补助资金。

3. 补助资金划拨的程序

由养殖场业主提出申请，镇乡人民政府、街道办事处组织人员核实进度，区农业农村委复核，区财政局资金拨付到村集体经济组织，村集体经济组织拨给养殖场业主，完成资金拨付程序。

4. 提高奖补资金使用效率

对未及时拨付资金到养殖场业主的村集体经济组织，由区有机农业产业化项目办公室通知到所在的镇乡（街道），自通知发出之日起5个工作日内将补助资金拨给养殖场建设业主，逾期拨付的按每天5 000元/单元扣罚村集体经济组织分红资金，直到所有分红资金扣完为止，扣罚分红资金上缴区财政。

5. 加强资金监管

镇乡人民政府、街道办事处负责资金的使用安全工作，建立一场一册财务档案。为加快养殖场建设，万州区将养殖场建设纳入进一步巩固脱贫攻坚成果，全面推动乡村振兴战略实施，"亮山地高效农业发展成果、亮农村人居环境整治成效"乡村振兴"双亮"活动重要内容，通过亮产业、亮环境，学机制、比作风，推动山地高效农业工作出亮点，学习交流工作方法，总结推广工作经验，推动乡村振兴落地见效。"双亮"活动的开展，倒逼各地全力开展养殖场建设工作，一个个养殖场在轰轰烈烈的建设热潮中不断诞生。

部分养殖场在建设中遇到了资金瓶颈问题，拖延了养殖场建设进度，区政府及时调度国有企业重庆三峡农业集团有限公司参与百万头生猪工程建设，中共重庆市万州区委农村工作暨实施乡村振兴战略领导小组办公室于2020年12月印发《重庆三峡农业集团有限公司参与万州区百万头生猪养殖项目建设试点工作方案》的通知（万州区委农办〔2020〕6号），解决部分养殖场业主建设资金不足的问题。通知规定了投资范围是已与重庆万州德康农牧科技有限公司（以下简称"重庆万州德康农牧科技有限公司"）签订养殖协议，资金到位后能尽快完成建设工作的养殖场；投资方式是对有需求且符合条件的养殖场采取协议收购的方式进行部分收购或整体收购。部分收购养殖场业主拥有的部分圈舍及配套设备设施权属，重庆三峡农业集团有限公司将收购的养殖场圈舍及配套设备设施委托养殖场业主经营。整体收购委托三方评估咨询进行谈判收购，重庆三峡农业集团有限公司与相应村集体经济组织重新签订入股协议；回购办法是养殖场业主可在5年内按重庆三峡农业集团有限公司收购原价回购养殖场圈舍及配套设备设施，并约定分年度支付预付金，支付完毕后重庆三峡农业集团有限公司和养殖场业主一次性办理资产权属转移及移交手续；保障措施是区农业农村委负责试点工作的统筹协调，对各养殖场实际资金需求量和进度进行摸底核实，提出资金需求名单。区国资委对重庆三峡农业集团有限公司的投资行为进行监督指导，对解决百万头生猪养殖项目形成的固定资产摊销折旧不纳入年度经营业绩考核内容。重庆三峡农业集团有限公司履行投资主体责任，负责对养殖场进行全面调查论证，对符合条件的及时投放资金，并把控资金使用用途。养殖场属地镇乡政府负责监管资金使用，确保资金用于养殖场建设并建成投入使用，协调处理好养殖场建设管理中的矛盾纠纷，确保养殖场建设管理有序开展。重庆万州德康农牧科技有限公司负责安排专人驻场指导，避免因技术指导不到位影响建设进度和质量，同时负责代扣资金的及时拨付。

万州区生态猪养殖场圈舍建设采用碳钢网架床，粪尿全量收集后，通过异位发酵生产有机堆肥，100万头生猪年生产有机堆肥可达到60万t，为了解决百万头生猪工程建设项目的有机堆肥出路问题，做到养殖场环境保护封闭运行，区政府统筹考虑，引进重庆农神控股集团在万州建设年生产有机生物肥20万t肥料厂（图3-4），给予重庆农神控股集团资金和用地扶持，重庆市万州区人民政府办公室于2021年8月印发了"关于万州区20万t生物有机肥生产线建设项目专题会议纪要"（万州府纪〔2021〕76号），补助资金2 000万元支持农神控股集团用于20万t生物有机肥生产线建设，项目用地面积60～80亩，按照设施农用地性质协助企业办理用地手续，涉及土地复垦保证金按 10 元 /m² 标准进行收取。有机肥厂的建设，形成了生猪粪污→有机堆肥→生物有机肥→农作物有机循环，走出了一条农业生态绿色发展道路。

图 3-4　20 万 t 生物有机肥生产线规划

 第二节　畜牧部门的发展措施

一、成立工作小组

重庆市万州区农业农村委员会作为畜牧业发展的政府主管部门，勇于担当，积极作为，切实贯彻落实中共重庆市万州区委实施乡村振兴战略工作领导小组关于印发《万州区鼓励村级集体经济组织和贫困户合作发展有机农业产业化建设项目扶持办法（试行）》的通知（万州区委乡振组〔2019〕5 号）要求，成立了有机农业产业项目工作小组，区农业农村委主

要负责人为组长，分管负责人为副组长，相关科室、事业站负责人为成员的有机农业产业项目工作小组，负责有机农业产业项目管理、指导、督查等工作。

二、制定建设标准

（一）万州区生猪生态养殖建设标准

为推进万州有机农业"产业生态化、生态产业化"，促进万州生猪产业提档升级和可持续发展，贯彻生猪养殖全程生物安全理念，确保生猪生态养殖场"零排放、零污染"，制定了《万州区生猪生态养殖场建设标准》，标准包括：用地选址上必须符合国家相关规定（非基本农田、非公益林、生态红线外、适养区、非人员聚集区等）；规划布局必须具备功能分区，各区保持一定防疫间距，场区净道污道不得交叉，设置前置生物安全防护区、大门消毒通道、生活区、辅助生产区、生产区消毒通道、生产粪污处理区；圈舍内部标准，限位栏、产床个数，保育、育成、育肥猪每头占地面积，圈舍内主通道宽度，粪槽高度，圈舍主体墙高度，外围主体墙、隔墙厚度；生产区设施设备，蓄水池水体须按三级净化消毒，猪舍内猪只生活区全碳钢漏缝地板，母猪舍一猪一槽一饮水器，饮水器废水必须全量化回收后集中处理，猪舍环控设备（风机、水帘、照明及保温设备等），脚踏及洗手消毒盆，产床、限位栏规格，保育舍、育肥舍隔栏间距等；异位发酵设施设备，粪污处理体系必须做好反渗漏，阳光发酵棚高度，地面厚度、硬度，周边钢筋混凝土护栏高度，发酵棚面积，铲车动力等；病死猪无害化处理要求。标准的明确，统一了全区生态养殖场建设规范、建设质量，为标准化养殖奠定了基础。

（二）万州区生猪生态养殖场验收办法

为确保建设质量，万州区农业农村委员会制定了《万州区生猪生态养殖场验收办法》。

1. 明确了验收条件的基本要求

一是圈舍建设要求，采用低架碳钢网床、自动饮水器漏水引出、采用刮粪板清粪、采用异位发酵处理粪污。二是防疫要求，有入场车辆和人员消毒室、有隔离舍。三是资料要求，德康公司与家庭养殖场签订的合作协议、德康公司和村集体及家庭养殖场签订的三方协议、设施农业用地手续、环保手续。

2. 确定了验收程序，实行镇乡初验和区级验收两级负责制

镇乡初验（图3-5），养殖场建设任务完成后由业主向建设所在地镇乡人民政府（街道办事处）申请初验，初验人员由建设所在地镇乡人民政府（街道）3人，重庆万州德康农牧科技有限公司2人组成。初验合格后，由建设所在地镇乡（街道）向区农业农村委申请区级验收，同时提供归档资料交区农业农村委项目办；区级验收，由区农业农村委组织实施。

图3-5　万州区生猪生态养殖场现场验收

3. 对档案资料提出了具体要求

养殖场与重庆万州德康农牧科技有限公司签订的合作协议，村集体经济组织与养殖场、重庆万州德康农牧科技有限公司签订的合作协议，设施农业用地手续，环保手续，建设中及建成后的图片，万州区生猪生态养殖场初验表，财政补助村集体入股养殖场资金到账银行证明复印件，施工图纸复印件。该办法让养殖场业主明白了养殖场基础设施的建设、设施设备的配套具体要求，镇乡怎样进行初验，档案如何归集，对养殖场建设具有积极的指导意义。

三、升级考评办法

为配合乡村振兴"双亮"活动，解决评比中认识不一致，标准不统一，区农业农村委员会制定了《2020年上半年万州区有机农业产业项目生态养殖场建设考评计分办法》明确了有建设任务乡镇的养殖场建设开展养殖生产、设施设备安装完成、主体封顶碳钢安装完成、主体封顶等四个方面的任务标准。为乡村振兴"双亮"活动提供评比依据。

在生猪生态养殖场建设过程中，工作组发现了许多问题，为及时纠正偏差，指导养殖场按照规范建设，根据养殖场建设的实际需要，万州区农业农村委员会组织专家对《重庆市万州区生猪生态养殖场建设标准（试行）》进一步细化，重新进行了修订，印发了《重庆市万州区生猪生态养殖场建设标准（修订）》。

第三节 相关部门的发展措施

重庆市万州区在推进百万头生猪养殖项目生态养猪场建设中，出台了《万州区加快生猪产业发展的意见》（万州区委乡振组办〔2020〕3号），形成了一部门为主，多部门配合，镇乡齐动，鼎力推动，协同攻坚的工作局面。

万州区农业农村委员会牵头负责项目的组织实施，万州区发展改革委、区财政局负责做好项目相关资金的筹措、划拨等工作，统筹整合财政涉农资金、鲁渝合作资金支持项目建设。

万州区经济信息委负责协调国网万州供电公司、三峡水利供电公司落实项目用电优惠政策，用活用足支持小微企业发展用电扩容政策，电力公司负责将电力主线架设到养殖场红线外。

万州区规划自然资源局负责协助生态猪养殖场选址、设施农业用地备案工作，在生态猪养殖场出具土地复垦承诺书，并经所在村（社区）、镇乡街道签署意见备案后，按养殖设施实际占地面积以 10 元 /m^2 的标准收取土地复垦保证金。协调相关机构在土地勘界测量费上给予优惠。

万州区生态环境局负责协助生态猪养殖场选址、项目建设环境影响评价等工作，生态猪养殖场选址应符合万州区畜禽养殖区域划分方案规定，选择适养区建设，不突破生态红线。

万州区交通局负责项目配套道路建设工作，项目选址地确需建设入场道路，应优先支持。

万州区水利局负责项目资金筹措，申报三峡水库后扶资金投入项目，配套水利设施建设工作，结合人畜饮水工程，优先支持养殖场用水设施建设。

万州区林业局负责协调项目占用林地的手续办理工作，生态猪养殖场涉及占用商品林地的，由区林业局协助按相关政策办理林地占用手续。

万州区金融办负责协调担保公司和有关金融机构对项目建设提供金融支持。

为了提高办事效率，让部门多服务，让企业少跑路，在前期工作中，区农业农村委、区规划与自然资源局、区生态环境局、区林业局、区经信委等单位，组织工作专班，到企业集中办公，办理相关手续。

第四节　龙头企业的发展措施

为响应"万州区 100 万头生猪项目"，推动万州区恢复生猪生产、保障市场供给发展，重庆万州德康农牧科技有限公司于 2018 年 12 月 3 日在万州区注册成立，投资 25 亿元人民币在万州建设存栏公猪 400 头的公猪站 1 个、存栏母猪 3 800 头的祖代种猪场 1 个、配套建设年产 50 万 t 饲料加工厂 1 座、100 万头生猪屠宰暨食品加工厂 1 个、洗消中心 1 个。

一、成立组织机构

（一）建设期的组织机构

严格按照国家基本建设项目的有关规定进行管理，成立了项目建设管理相关组织（图3-6）。

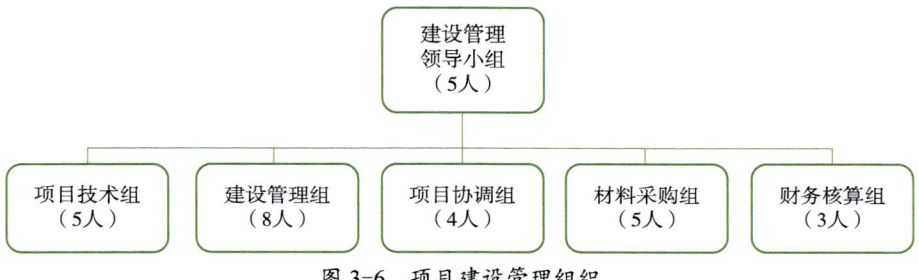

图3-6 项目建设管理组织

1. 建设管理领导小组

领导小组由项目建设单位的相关负责人组成，主要职责是协调解决项目建设中的有关问题和日常工作。

2. 专家委员会

聘请项目支撑单位专家，重庆市畜牧科学院、区农委等部门专家共同组成专家委员会，主要职责是为项目建设和管理提供技术支持。

3. 项目技术组

由项目建设单位技术人员、区农业农村委技术人员、建设管理领导小组和专家委员会的领导组成，主要职责是负责项目的技术工作。

4. 建设管理组

由项目建设单位人员组成，主要职责是负责项目建设工作。

5. 项目协调组

由项目建设单位人员组成，主要职责是负责协调各级各部门及农户的关系，办理相关建设手续。

6. 材料采购组

由项目建设单位人员组成，主要职责是负责项目招投标、项目建设物资采购等。

7. 财务核算组

由项目建设单位人员组成,主要职责是负责项目建设财务管理及监督。

(二)运营期的组织机构

按现代企业管理模式组成管理机构,实行公司董事会领导下的总经理负责制,下设车间(科室)、班组三级管理的劳动组织形式(图3-7)。各部门实行经济责任制,提高全员素质,加强现代化经营管理,推行新型市场营销策略,以取得良好的经济效益。

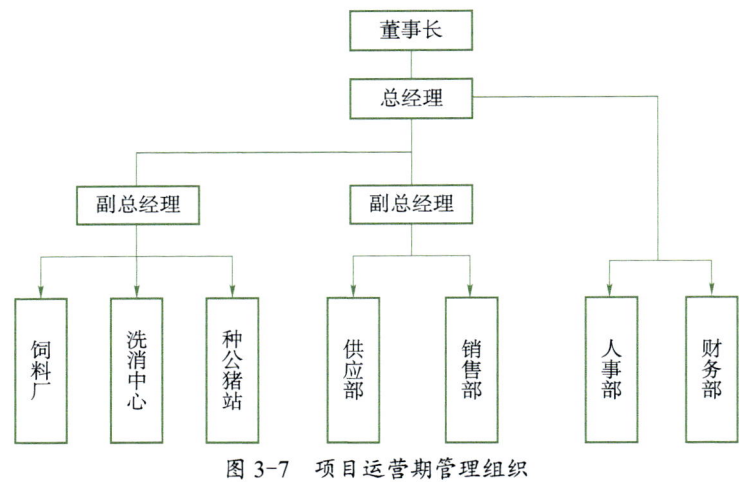

图3-7 项目运营期管理组织

二、发展措施

(一)项目法人制

以重庆万州德康农牧科技有限公司为项目法人,其法定代表人为项目建设第一责任人,并成立有经营管理班子、分管领导、工程技术管理人员参加的项目筹建领导小组,负责落实项目实施过程中的有关组织和政策措施,制定项目实施方案、技术规程、项目建设计划,解决项目实施过程中出现的技术问题。同时负责项目筹建过程中的重大决策和与相关单位间的协调工作,并对整个项目的投资、质量、进度进行管理。

（二）招投标制

根据国家法律、法规确定招标方式，严格实行招投标制。坚持公开、公平、公正原则，择优选定勘察单位、设计单位、施工单位、监理单位、设备供货单位，引入市场竞争机制，科学地降低工程成本、提高投资效益。

（三）项目监理制

委托具有相应资质的监理公司对项目建设实行监理制，实现科学管理。确保建设项目的投资、质量、进度得到有效控制。

（四）竣工验收制度

按国家相关验收规范进行建设项目竣工验收，项目需竣工验收合格后才能投入使用，并及时办理竣工决算，做好项目建设过程中的档案收集、整理、归档等工作。

（五）产业化经营

重庆万州德康农牧科技有限公司为产业化龙头企业，作为产业化经营的技术、收购、屠宰、加工及市场营销的支撑单位，招募家庭农场作为生产企业，经营各父母代场、育肥场。采用"龙头企业＋集体经济组织＋家庭农场"的经营模式，为养殖户统一提供商品仔猪、饲料、药品及技术培训指导，养殖户只需提供人力和标准化猪舍将商品仔猪养殖到规定的标准后公司回收，并根据年出栏量及养殖质量支付代养费。

第四章
万州区生猪生态养殖场建设模式解析

　　万州区地处三峡库区核心区，在举国上下贯彻"绿水青山就是金山银山"的生态发展理念的大背景下，万州区生猪产业的发展方式选择了生态养猪模式。为了实现100万头生猪发展目标，万州区引进了龙头企业重庆万州德康农牧科技有限公司，以"龙头企业＋集体经济组织＋家庭农场"的"德康"发展模式，即龙头企业负责提供种猪、饲料、兽药和疫苗及技术支持，集体经济组织投资入股，家庭农场负责饲养母猪生产商品猪，龙头企业再回收家庭农场生产的商品猪并支付一定报酬的"母猪代养模式"，建设了比较完善的"种繁养"繁育体系，包括种公猪站、种猪扩繁场、商品猪繁殖场，龙头企业向家庭农场提供公猪精液和种母猪，家庭农场饲养母猪生产商品猪。本章对重庆万州德康农牧科技有限公司公猪站、种猪繁殖场和有代表性的家庭农场的建设模式进行解析。

第四章 万州区生猪生态养殖场建设模式解析

第一节 德康养猪单元解析

一、养猪单元概述

重庆万州德康农牧科技有限公司推出的"一个养殖单元"是指常年存栏能繁母猪50头以上，年出栏肥猪1 250头以上。德康养猪单元养殖是指将一个或多个单元组合在一起，同时进行猪育肥等多个环节的养殖方式。一个家庭农场可以将多个养殖单元组合在一起，比如10个养殖单元的规模就是常年存栏能繁母猪500头，年出栏商品猪12 500头以上。一般情况下，德康养猪单元养殖的规模是根据场地以及养殖技术而定的。

二、单元养猪解析

单元养猪和其他养殖方式一样，都需要考虑到环境因素对猪的生长发育是否有影响。因此，在单元养猪中，猪舍必须保持整洁和通风，在猪的生长发育中注意给予充足的营养和良好的环境，避免疫病的发生，提高养殖效率和质量等。同时，科学的养殖技术和合理的管理也是单元养猪成功的必要条件之一。

总的来说，德康养猪单元养殖在我国已经逐渐得到了广泛的应用和推广。不论是养殖规模的扩大还是生猪生产水平的提高，这种养殖方式都起到了不可替代的作用。在实际养殖操作中，需要遵循行业标准、科学养殖、保障猪只健康等原则，以达到最佳的养殖效果。

第二节 种公猪站

种公猪站选址科学，分区布局合理，三级防疫设计，猪舍全封闭并采用了空气过滤系统，对重大疫病的防控至关重要；猪舍内全碳钢漏缝地板，舍内干燥，便于火焰消毒；采用步进式自动刮粪系统降低了舍内氨气浓度；采用自动供料系统降低了劳动强度；采用了自动环境控制系统，确保猪舍环境精确控制，使用异位发酵处理粪污实现了粪污"零排放"，是目前万州区规模最大、设施设备最先进的现代化公猪站（图4-1）。

图4-1　万州德康种公猪站航拍

一、工艺设计

（一）生产工艺设计

1. 生产工艺流程和主要工艺技术参数

（1）技术方案。①选用经重庆万州德康农牧科技有限公司严格选择的杜洛克公猪、长白公猪、约克公猪，生产满足需要的公猪精液；②采用徒手采精方式采精，未采用自动采精；③采用精液品质自动分析系统，快速准确检测公猪精液质量；④公猪每3天采精1次，确保公猪有足够的休养时间；⑤公猪主要采用限位栏饲养，便于环境控制，便于公猪舍内空气过滤；⑥根据种公猪的营养需要，由重庆万州德康农牧有限公司自产饲料。

（2）生产工艺流程。采用"准备→采精→检测→稀释→分装→保存→运输"的公猪精液生产工艺流程。详见图4-2。

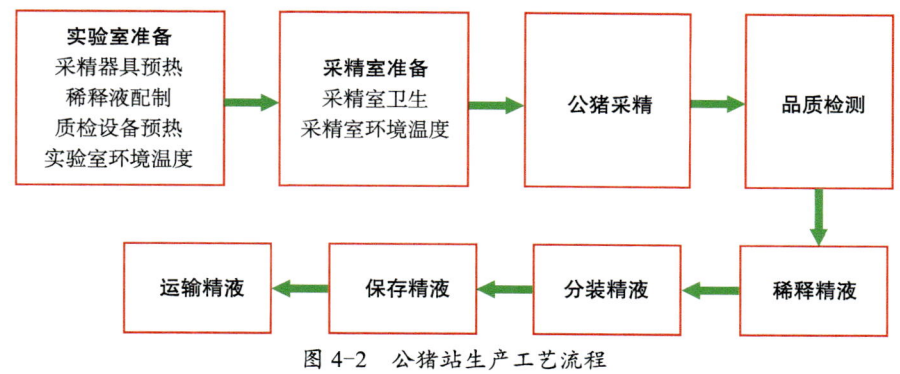

图 4-2 公猪站生产工艺流程

（3）主要猪舍建筑、猪栏设备及其参数。

公猪舍：全封闭空气过滤猪舍，中对中尺寸 41.84 m×22.20 m，檐高 4.70 m，屋顶高度 5.60 m，二四墙砖混结构，双坡式屋顶，双层彩钢瓦，1 单元 6 列公猪栏，7 条纵向过道 2 条横向过道。横向负压通风，一端安装水帘（12.00 m×1.80 m）和空气过滤，另一端安装 6 台变速风机（2 个 24 风机，2 个 36 风机，2 个 50 风机），水帘外侧装不锈钢防蚊网。刮粪机清粪工艺，粪沟深度 1.20 m；每列 33 个限位栏 1 个大栏，安装 1 条水线，全部采用饮水碗，自动料线供料，安装 LED 照明灯 6 个，照度达到 250 lx，安装 2 个消毒插座，2 个高压清洗水龙头。

公猪栏：公猪限位栏尺寸 2.50 m×0.70 m×1.20 m，大栏尺寸 2.50 m×2.10 m×1.20 m，6 分管热镀锌，碰锁（图 4-3）。

图 4-3 公猪舍内部

采精室：在公猪舍的旁边，为独立的房间，采精人员所在位置下沉 0.70 m，与公猪采精栏之间有栅栏隔开，公猪采精栏内安装了一个可升降的假母台，假母台固定在采精栏靠近采精人员，地面设有漏缝以便清洗和防公猪跌伤（图 4-4）。

图 4-4　采精室内部

精液处理室：精液处理室是用来对公猪精液进行检查，稀释，保存的地方，与采精栏紧密相连。二者通过传递窗传递采精杯及精液。精液处理室除工作人员外一般不准外人进入。室内窗子装不透光窗帘，安装了冷暖空调。墙壁安装有足够多的插座及电源开关，精密仪器较多，为防止雷电等安装了地线，并建立了工作台，洗水池等。精液处理室分为处理保存室和清洗室。中间用透明玻璃窗隔开。

精液处理室的主要设备：显微镜，17℃恒温冰箱，精子密度仪，水浴锅，磁力搅拌器，37℃恒温板，电子天平，电脑，双蒸水机，干燥箱，37℃恒温培养箱（图 4-5）。

用具和耗材：采精杯，采精袋，过滤纸，橡皮筋，手套，玻璃杯，温度计，塑料杯，玻棒，载玻片，盖玻片，血细胞计数器，手扳计数器，定量加液器，微量移液器，吸头，稀释粉，输精管瓶，标签纸，润滑剂，玻璃吸管，玻璃放水瓶，擦镜纸。

图 4-5　精液处理室内部

2. 饲养方式

采用单体限位栏饲养，每天定量喂料，自由饮水，余水收集。

3. 清粪方式

采用浅池刮粪机工艺，刮粪机为步进式刮粪机。

（二）工程工艺设计

1. 猪舍种类和尺寸

公猪站只有公猪舍 1 栋，中对中尺寸 41.84 m×22.20 m。

2. 配套设施

（1）数据处理及监控系统。配备了数据处理及监控系统，包括硬压缩录像系统、电脑配件等。

（2）其他配套设施。包括供配电网络系统、给排水管道系统、保温降温系统、人工投料系统、粪污处理系统等。

3. 猪舍建筑类型与形式

猪舍为全封闭空气过滤猪舍，砖混结构，屋顶采用双坡式，钢屋架，夹心彩钢瓦，猪舍内圈栏排列形式为六列式。

4. 猪舍环境控制技术方案

猪舍环境控制技术方案的制定主要是根据经济、安全、适用的原则，尽量利用工程技术来满足生产工艺所提出的环境要求。环境控制主要包括猪舍采暖保温、降温、通风及空气质量等方面的控制，其控制技术方案如下。

空气过滤：公猪站安装了空气过滤装置（图 4-6），目的是去除≥0.3 μm 的尘埃粒子，初阻力≤220 Pa，预防因空气尘埃粒子带入病毒。

图 4-6　公猪舍内部空气过滤

夏季降温：猪舍密闭，纵向通风，关闭屋顶通风小窗，采用负压通风与滴水降温系统。安装温度、湿度、氨气浓度监测探头，控制器开关，采用设置合理参数实现自动控制。

冬季换气：封闭水帘进风口，打开屋顶通风小窗，从屋檐进风。

光照方式：以人工照明方式为主。

公猪舍湿帘如图 4-7 所示，公猪舍风机如图 4-8 所示。

图 4-7　公猪舍湿帘　　　　　　图 4-8　公猪舍风机

5. 工程防疫设施规划

场区内净、污道分开，猪场设置道路绿化或绿化隔离带。在场区大门入口处设置车辆进出洗消中心和人员洗澡更衣消毒室、物资熏蒸消毒室，严格控制外来人员和车辆的进出，在生产区入口二次设置人员洗澡更衣消毒室、物资熏蒸消毒室。

对猪场的粪便污水进行集中处理，采用机械刮粪，将粪集中到粪污区收集池，将粪尿混合后喷洒到垫料中，并加入菌种，堆积发酵，经高温发酵处理后用作农用肥，实现污水零排放，减少了疫病暴发概率和对生态环境及生产环境的影响。

6. 粪污处理与资源化利用技术选择

该猪场主要的污染物有猪粪、尿及少量冲洗污水。

采用雨污分离，刮粪机清粪工艺，减少了污水的产生量，同时也节约了宝贵的水资源。

猪舍排出的粪污集中收集并发酵处理，经高温发酵处理后用作农用肥、果树肥。

工艺流程说明：粪污→发酵处理→还田。

（三）竖向设计

公猪舍内地面高于舍外地面 1.20 m。

二、建筑设计

（一）猪舍类型及其建筑形式

公猪舍采用有窗式密闭舍，结构为砖混结构。

（二）猪舍平面设计

1. 圈栏布置

公猪舍内圈栏布置六列，建筑跨度较大，有利于公猪舍空气过滤处理和舍内温度控制。

2. 舍内通道布置

通道包括饲喂道和赶猪道，宽 1.00 m。

（三）猪舍剖面设计

公猪舍室内地面标高 ±1.20 m，檐高 4.70 m。各标高详见设计图纸。

猪舍内部公猪限位栏 2.50 m×0.70 m×1.20 m，公猪大栏尺寸 2.50 m× 2.10 m×1.20 m。

（四）猪舍立面设计

主要为猪舍的前、后、左、右各方向的外貌，重要构配件的标高等。各猪舍的立面设计详见设计图纸。

猪舍地面标高：1.20 m。

檐高：4.70 m。

风机下缘标高：1.20 m。

（五）猪舍建筑构造设计

1. 墙体

墙体材料采用页岩砖砌块，距地面 1.00 m 做水泥墙裙。

2. 屋面

屋面简单、轻便、防水、耐火，保温隔热性能好、通气性好、排水便利，屋面材料采用双层复合材料夹心彩钢。

3. 门窗

（1）门。猪舍设置人员进出门和赶公猪门，门洞口尺寸 1.50 m×2.10 m。

（2）窗。窗体结构为双层玻璃塑钢窗，下沿标高 2.00 m，洞口尺寸为 1.50 m×1.50 m。

4. 砌体工程

墙垛尺寸 120 mm，墙厚度均为 240 mm。

5. 装饰工程

（1）外墙。外墙抹灰找平刷白灰，山墙层高处刷 150 mm 灰色油漆装饰线。

（2）内墙。猪舍内房间为水泥砂浆墙面。

（3）地面。地面为水泥砂浆地面。

（4）屋面。屋面采用带隔热层的蓝色彩钢瓦。

三、结构设计

（一）设计等级

（1）基本风压。0.40 kN/m²；地面粗糙度类别：B 类。

（2）场地地震基本烈度：六度（0.05 g）；抗震设防烈度：六度（0.05 g）。

（二）建筑结构安全等级和使用年限

建筑结构安全等级：三级。

建筑耐火等级：二级。

结构设计使用年限：基础设施为 25 年；辅助设施为 25 年。

建筑抗震设防类别：丙类。

地基基础设计等级：丙类。

（三）圈舍及构筑物设计

1. 猪舍

（1）猪舍的建筑模式。砖砌体结构，檐高 4.70 m。

（2）设计采用的均布荷载标准值。中心面：2.0 kN/m²；中心梯、走廊、卫生间：2.5 kN/m²；消防疏散中心梯：3.5 kN/m²；上人屋面：1.5 kN/m²；不上人屋面：0.5 kN/m²。

2. 地基及基础

（1）场地属于Ⅱ类场地土，采用砖砌条型基础砌筑。

（2）基础设计中，在基础及基础梁下浇筑一层 100 mm 厚 C15 素混凝土垫层。

（3）地基基础设计等级为丙级。

3. 砌体部分

砌体材料：±0.000 以下砖墙采用 MU10 页岩砖，M7.5 水泥砂浆砌筑；±0.000 以上砖墙采用 MU10 页岩砖，M5 水泥砂浆砌筑，墙厚 240 mm。

砌体施工质量控制等级：B 级。

4. 钢屋架部分

（1）钢屋架，最大跨度 22 200 mm。

（2）屋面选用带隔热层的彩钢板夹岩棉。

（四）防护设计

（1）粪污处理设施（如堆粪场和污水处理池等）处于场地的下方。

（2）场区内道路净、污道分开。

（3）场区大门入口处设置车辆进出洗消中心，严格控制外来人员和车辆的进出。生产区入口设置二次洗澡更衣消毒室和物资熏蒸消毒室。

（4）猪舍入口处和更衣消毒间的进口设置脚踏消毒池。

四、配套设施与设备工程设计

（一）采暖工程

该公猪站猪舍没有考虑采暖。

（二）通风与降温系统

该猪场通风采用机械通风和滴水相结合的方式进行降温。

夏季机械通风的风速不超过 1.50 m/s。

（三）供料系统

该公猪站喂料系统采用自动料线供料系统，减少车辆进入，采用中转料塔中转饲料；定量喂饲，主要是针对种公猪饲喂。

五、给排水工程

（一）给水工程

1. 管网布置

公猪站给水管网系统采用生产、生活和消防共同给水系统，为保证供水的连续性，场区给水干管布置成环状。

2. 供水设施

室外管道：DN≥100 mm，埋地时采用给水 PPR 管。

室内管道：DN≥100 mm，采用 PPR 管。

阀门设置：DN＞65 mm，采用闸阀；DN≤65 mm，采用截止阀。

（二）排水工程

该公猪站排水管网只考虑了雨水排放系统，清下水因水质基本未受污染，与雨水直接通过雨水管道排出场外，室外管道：采用塑料管；室内管道：采用 PPR 管。

六、电气设计

（一）电力计算

该公猪站的用电设备均为三类负荷，对电源无特殊要求。

项目区设有总容量为 250 kVA 变压器一个，可供项目建设和运行使用，并提供 380/220 V 电源电压，能满足用电要求。

（二）电力供应

（1）各功能区配电室设置 XL-21 型动力配电箱，采用放射式配电方式。

（2）生产区及办公室设有分配电室。分配电室负责向本生产区及其他动力设备供电。

（3）照明。照明配电箱，采用带漏电保护型开关，嵌入式安装。

（4）控制区采用 ZMX 型净化灯具，吸顶式安装，生产区采用 GC1 型工厂灯及 YG2 型荧光灯，防爆场所采用 B3C-200 型防爆灯。

（5）现场控制按钮、开关等根据环境特点，分别选用的防尘型、防腐型和防爆型。

（6）照明配线。防爆区域采用 BV-500 导线穿钢管明敷设，非防爆区域采用 BV-500 导线穿难燃 PVC 塑料管暗敷设。

（7）动力配线。根据具体情况采用 BV-500 导线穿钢管暗敷设及电力电缆沿托盘明敷设两种配线方式。

（8）由总变、配电所至各车间的线路采用 VV22 型电力电缆沿道路边直埋地的敷设方式。

七、环保工程

（一）工艺流程

异位发酵床处理粪污是相对于原位发酵床微生物发酵而言的，是指粪污通过漏缝地板后将新鲜猪粪转移到舍外暂存池，并在圈舍外另行修建与养殖量匹配的发酵床（发酵床体积最低建设要求 0.2 m³/头猪），利用垫料和微生物发酵菌进行发酵分解。粪污处理工艺流程为图 4-9 所示。

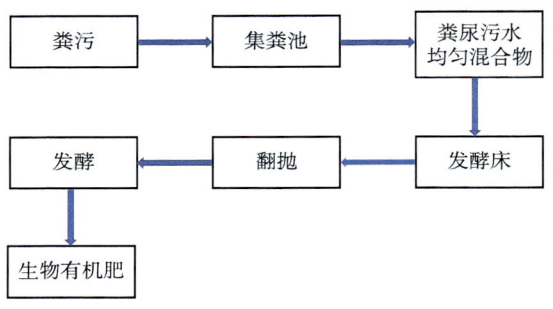

图 4-9　粪污处理工艺流程

（二）具体实施要点

发酵床内铺入以谷壳、秸秆、木屑为主的垫料，加入微生物发酵菌剂，将新鲜粪浆喷洒到发酵床上，在适宜温度条件下经翻耙机翻动，通过人工构建的高效发酵系统将粪污集中收集、异地处理后的粪污变成有机肥，使养殖与粪污处理分开，实现猪场粪污"零排放"。

（三）主要优点

异位发酵床处理粪污具有成本低、操作简单、无污染、无排放、无臭气、土地利用率高等优点。既可充分利用玉米、大豆、辣椒等的秸秆，通过微生物有氧发酵处理，有效抑制害虫和病菌的繁殖，又能将粪污中的粗蛋白、粗脂肪、残余淀粉、尿素等有机物质进行降解或分解成氧气、二氧化碳等，残渣变成有机肥便于运输使用。

（四）适用场景及注意事项

该模式清洁高效，较适用于气温较低，季风性湿润气候的地区。需要注意的是，所使用的异位发酵床墙体高度较干燥地区需要增高并设置曝气系统、回流沟等以保证发酵温度。

猪排出的粪污采用异位发酵床处理，粪尿采用步进式刮粪机刮出猪舍，再二次刮粪转至异位发酵房内的集粪池，将收集的粪尿抽到发酵床上，加入菌种，经高温发酵处理，蒸发水分，多次循环使用后用作农用肥、果树肥、花圃绿地肥。

八、节能设计

（一）设计范围

主要是猪舍及其附属设施的节能设计。

（二）主要节能措施

首先建立了一套完整的节能机制，同时加强了对员工的教育引导，使全体员工树立起效益和环保意识，自觉节能。其次根据本工程生产特点，结合能耗指标，采取以下节能措施。

（1）项目建筑外形及外围结构设计考虑节能效果，选用保温性能好的建筑材料。

（2）选用高效低能耗的新型设备，降低产品能耗。

（3）配电设计尽量使配电室靠近负荷较大的设备，选用低损高效电器设备及无功功率就地补偿以降低线路损耗。照明选用高效荧光灯和全卤混光灯减少耗电量。线路均采用铜芯线，机械强度高、阻抗小，损耗也相应减少。

（4）选择准确实用的计量仪表，能源实行场、舍分级计量，准确地计量能源消耗，及时指导产品成本分析。

九、主要仪器设备选型

（一）公猪栏

地板采用全碳钢网床，定位栏 2.50 m × 0.70 m × 1.20 m。

（二）采精栏

在公猪舍的旁边，为独立的房间。内设一个可升降的假母台和防滑垫。面积为 2.20 m × 2.50 m，假母台固定在采精栏的中央或一端靠墙。以一端靠墙为好，可以防止公猪在里面转圈。地面设有漏缝以便清洗。地面不是太光滑，以防公猪跌伤，还设置了采精人员安全区。

（三）翻抛机

型号为 QY-11FH-6150P，翻抛机主电机 Y2-4-15-B5 功率 22 kW，远程遥控操作、变频控制、无返程、双向工作，翻抛宽度 2.00 m、最大翻抛深度 1.50 m、双排链轮链条驱动，设备跨度 11.20 m。

第三节　种猪扩繁场

种猪场选址环境较好，分三区布局（图 4-10），三级防疫设计，猪舍全封闭大跨度小单元设计，既方便保温又方便防疫还便于全进全出管理，猪舍不吊顶；猪舍内全碳钢漏缝地板，舍内始终保持干燥，便于火焰消毒；采用步进式自动刮粪系统降低了舍内氨气浓度；采用自动供料系统降低了劳动强度；采用了湿帘风机进行通风降温，仔猪局部保温；使用异位发酵处理粪污实现了粪污"零排放"，是万州区因地制宜最低成本建设的现代化中大型规模养猪场的典型代表。

第四章 万州区生猪生态养殖场建设模式解析

图 4-10 德康柱山祖代种猪场航拍

一、工艺设计

猪舍平面布局：该种猪场采用大跨度全封闭设计，布局两栋猪舍，一栋公猪后备配怀舍、一栋分娩舍，两栋猪舍并排平行布置，三条连廊相连，猪舍端头布置生产配套用房（包括生产办公房、人员洗澡间、物资熏蒸消毒房、物资储存室、水电维修房、配电房、洗衣房、卫生间等）。

（一）生产工艺设计

1. 技术方案

（1）选用经严格选择的纯种母猪，生产二元种母猪为目的。

（2）母猪采用人工授精，以提高情期受胎率、胎产仔数。

（3）仔猪 3 周龄断奶，提高母猪利用率。

（4）空怀待配母猪采用群饲，配种、妊娠母猪限位栏饲养，哺乳母猪采用产床饲养，以保证哺乳仔猪对圈舍环境的需要，保育仔猪、育肥猪采取群养的方式。

（5）根据种猪的营养需要，设计先进适用的饲料配方，合理调制猪只的日粮，实施科学的饲养管理技术，以利于猪只发挥尽可能好的生产成绩。

（6）采用有效的消毒措施，实施科学的免疫程序，把猪的发病率、死亡率控制在最低限度。

（7）以三周批次组织生产。

2. 生产工艺流程

项目采用"分阶段饲养"的养猪生产工艺流程。即：空怀→配种→妊娠→分娩→哺乳→保育→后备→出售的流水生产作业。详见图4-11。

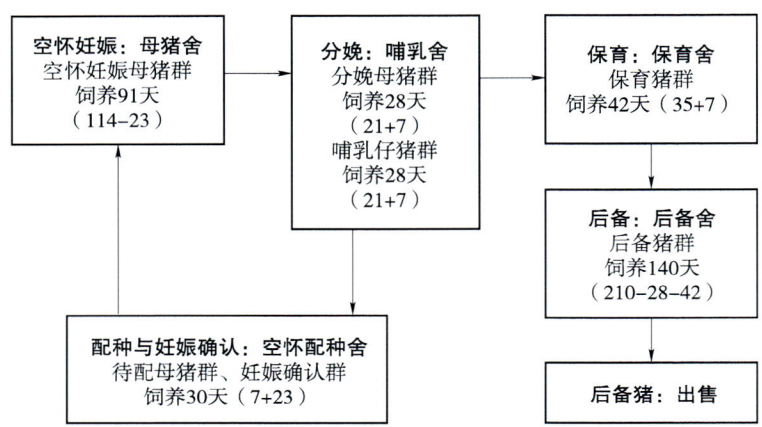

图4-11 猪饲养工艺流程

3. 主要猪舍建筑、猪栏设备及其参数

配怀猪舍：全封闭猪舍，中对中尺寸133.54 m×43.60 m，檐高3.20 m，屋顶高度5.375 m，二四墙砖混结构，双坡式屋顶，双层彩钢瓦，全碳钢地面，3个单元（1个查情公猪和后备母猪单元、1个空怀配种单元、1个妊娠单元）。

公猪后备单元：中对中尺寸43.50 m×13.98 m，单元内布局两列限位栏，每列67个，共134个限位栏，限位栏尺寸2.20 m×0.60 m×1.00 m，一列公猪和后备公猪栏，有4个查情公猪限位栏和12个后备母猪大栏，后备母猪大栏尺寸5.40 m×3.05 m×1.00 m，公猪栏尺寸2.20 m×0.75 m×1.00 m，4条纵向过道2条横向过道，宽度1.00 m，公猪栏和后备母猪栏之间有1.20 m宽过道。单元湿帘面积18.88 m^2，配置3台50风机2台36风机。饮水碗自动饮水，余水单独管网收集，自动料线供料。

空怀配种单元：中对中尺寸 43.50 m×13.98 m，单元内布局四列限位栏，每列 58 个配种限位栏 1 个大栏，共 232 个配种限位栏 4 个大栏，限位栏尺寸 2.20 m×0.60 m×1.00 m，独立食槽，自动料线供料，饮水碗自动饮水，6 分管热镀锌，5 条纵向过道 2 条横向过道，过道宽 1.00 m。单元湿帘面积 18.88 m²，配置 3 台 50 风机和 2 台 36 风机。饮水碗自动饮水，余水单独管网收集，自动料线供料（图 4-12）。

妊娠单元：中对中尺寸 43.50 m×13.98 m，单元内布局 32 列限位栏，其中有 8 列布置 58 个限位栏 1 个大栏，有 24 列布置 62 个限位栏，共 1 952 个限位栏 8 个大栏，33 条纵向过道（其中 17 条宽 0.90 m，16 条过道宽 0.65 m），2 条横向过道宽 1.00 m。单元湿帘面积 160.64 m²，配置 26 台 50 风机 8 台 36 风机（图 4-12）。

图 4-12 空怀配种妊娠单元内部

分娩舍：全封闭猪舍，中对中尺寸 121.32 m×29.58 m，檐高 3.20 m，屋顶高度 5.375 m，二四墙砖混结构，双坡式屋顶，双层彩钢瓦，一条总过道 9 个小单元，每个小单元中对中尺寸 13.48 m×29.58 m，小单元内 4 列布置产床，5 条纵向过道 2 条横向过道，每列 14 个产床，每个单元 56 个产床，共 504 个产床。每个单元湿帘面积 18.88 m²，配置 2 台 50 风机、2 台 36 风机、2 台 24 风机。饮水碗自动饮水，余水单独管网收集，自动料线供料（图 4-13）。

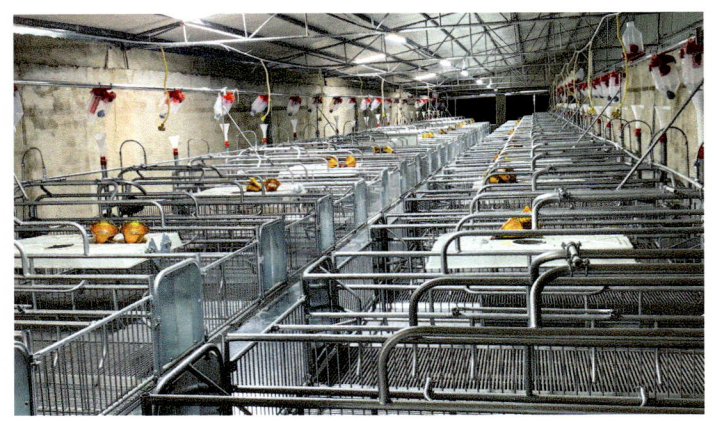

图 4-13 分娩舍内部

4. 饲养方式

公猪、配怀母猪采用单体限位栏饲养，分娩母猪高床饲养，后备母猪半限位群养，每天定量喂料，自由饮水。

5. 清粪方式

采用浅池刮粪机工艺，刮粪机为步进式刮粪机。

（二）工程工艺设计

1. 猪舍种类和尺寸

公猪后备空怀配种妊娠舍中对中尺寸 133.54 m×43.60 m；分娩舍中对中尺寸 121.32 m×29.58 m。

2. 配套设施

（1）数据处理及监控系统。配备了数据处理及监控系统，包括硬压缩录像系统、电脑配件等。

（2）其他配套设施。包括供配电网络系统、给排水管道系统、保温降温系统、人工投料系统、粪污处理系统等。

3. 猪舍建筑类型与形式

猪舍为全封闭猪舍，砖混结构，屋顶采用双坡式，钢屋架，夹心彩钢瓦，室内吊顶，设冬天屋顶进风窗。公猪后备空怀配种妊娠舍 3 个单元，分娩舍 9 个单元。

4. 猪舍环境控制技术方案

猪舍环境控制技术方案的制定主要是根据经济、安全、适用的原则，尽量利用工程技术来满足生产工艺所提出的环境要求。环境控制主要包括猪舍采暖保温、降温、通风及空气质量等方面的控制，其控制技术方案如下：

夏季降温：猪舍密闭，横向通风，关闭屋顶通风小窗，采用负压通风与滴水降温系统。安装温度、湿度、氨气浓度监测探头，控制器开关，采用设置合理参数实现自动控制。

冬季保温：在仔猪保温箱内用红外线灯和电热板，仔猪保育栏内地面设地暖，根据仔猪的出生日龄，在温控器上设定温度数字，对温度进行自动控制。

冬季换气：封闭水帘进风口，打开屋顶通风小窗，从屋檐进风。

光照方式：以人工照明方式为主。

5. 工程防疫设施规划

生产区内净、污道分开。在生产区入口处设置人员洗澡更衣消毒室、物资熏蒸消毒室，严格控制人员和物资消毒。对猪场的粪便污水进行集中处理，采用机械刮粪，将粪集中到粪污区收集池，将粪尿混合后喷洒到垫料中，并加入菌种，堆积发酵，经高温发酵处理后用作农用肥，实现污水零排放，减少了疫病暴发概率和对生态环境及生产环境的影响。

6. 粪污处理与资源化利用技术选择

该猪场主要的污染物有猪粪、尿及少量冲洗污水。

采用雨污分离，刮粪机清粪工艺，减少了污水的产生量，同时也节约了宝贵的水资源。

猪舍排出的粪污集中收集并发酵处理，经高温发酵处理后用作农用肥、果树肥。

工艺流程说明：粪污→发酵处理→还田。

（三）竖向设计

各猪舍内地面高于舍外地面 1.05 m。

二、建筑设计

（一）猪舍类型及其建筑形式

猪舍采用有窗式密闭舍，结构为砖混结构。

（二）猪舍平面设计

1. 圈栏布置

公猪后备空怀配种妊娠舍 3 个单元，公猪后备单元布局 3 列圈栏，配种单元布置 4 列配种栏，妊娠单元布置 32 列限位栏；分娩舍 9 个单元，每个单元布置 4 列产床。

2. 舍内通道布置

通道包括饲喂道和赶猪道，公猪后备单元和配种单元过道宽 1.00 m，妊娠单元饲喂过道宽 0.65 m，赶猪道宽 0.90 m。分娩舍总过道宽 1.50 m，小单元内过道宽 1.00 m。

（三）猪舍剖面设计

公猪后备空怀配种妊娠舍和分娩舍室内地面标高 ±0.00 m，屋檐标高 3.20 m。

（四）猪舍立面设计

主要为猪舍的前、后、左、右各方向的外貌，重要构配件的标高等。
猪舍地面标高：0.00 m。
风机下缘标高：0.50 m。
湿帘下缘：0.30 m。

（五）猪舍建筑构造设计

1. 墙体

墙体材料采用页岩砖砌块，距地面 1 m 做水泥墙裙。

2. 屋面

屋面简单、轻便、防水、耐火，保温隔热性能好、通气性好、排水便利，屋面材料采用双层复合材料夹心彩钢。

3. 门窗

（1）门。猪舍设置人员进出门和赶公猪门，门洞口尺寸1.02 m×2.10 m。

（2）窗。窗体结构为双层玻璃塑钢窗，下沿标高0.70 m，洞口尺寸为1.20 m×1.20 m。

4. 砌体工程

墙垛尺寸120 mm，墙厚度均为240 mm。

5. 装饰工程

（1）外墙。外墙抹灰找平刷白灰，山墙层高处刷150 mm灰色油漆装饰线。

（2）内墙。猪舍内房间为水泥砂浆墙面。

（3）地面。地面为水泥砂浆地面。

（4）屋面。屋面采用带隔热层的蓝色彩钢瓦。

三、结构设计

（一）设计等级

基本风压：0.40 kN/m^2；地面粗糙度类别：B类。

场地地震基本烈度：六度（0.05 g）；抗震设防烈度：六度（0.05 g）。

（二）建筑结构安全等级和使用年限

建筑结构安全等级：三级。

建筑耐火等级：二级。

结构设计使用年限：基础设施为25年；辅助设施为25年。

建筑抗震设防类别：丙类。

地基基础设计等级：丙类。

（三）圈舍及构筑物设计

1. 猪舍

（1）猪舍的建筑模式。砖砌体结构，檐高4.25 m。

（2）设计采用的均布荷载标准值。中心面：2.0 kN/m²；中心梯、走廊、卫生间：2.5 kN/m²；消防疏散中心梯：3.5 kN/m²；上人屋面：1.5 kN/m²；不上人屋面：0.5 kN/m²。

2. 地基及基础

（1）场地属于Ⅱ类场地土，采用砖砌条型基础砌筑。

（2）基础设计中，在基础及基础梁下浇筑一层 100 mm 厚 C15 素混凝土垫层。

（3）地基基础设计等级为丙级。

3. 砌体部分

砌体材料：±0.00 m 以下砖墙采用 MU10 页岩砖，M7.5 水泥砂浆砌筑；±0.00 m 以上砖墙采用 MU10 页岩砖，M5 水泥砂浆砌筑，墙厚 240 mm。

砌体施工质量控制等级：B 级。

4. 钢屋架部分

（1）钢屋架，最大跨度 43 500 mm。

（2）屋面选用带隔热层的彩钢板夹岩棉。

（四）防护设计

（1）粪污处理设施（如堆粪场和污水处理池等）处于场地的下方。

（2）生产区内道路净、污道分开。

（3）生产区入口设置洗澡更衣消毒室和物资熏蒸消毒室。

（4）各猪舍入口处和更衣消毒间的进口设置脚踏消毒池。

四、配套设施与设备工程设计

（一）采暖工程

哺乳仔猪局部保温灯加热，下铺保温垫。

（二）通风与降温系统

通风采用机械通风和滴水相结合的方式进行降温。

夏季机械通风的风速不超过 1.50 m/s。

（三）供料系统

采用自动料线供料系统，减少车辆进入，采用中转料塔中转饲料。

五、给排水工程

（一）给水工程

1. 管网布置

给水管网系统采用生产、生活和消防共同给水系统，为保证供水的连续性，场区给水干管布置成环状。

2. 供水设施

室外管道：DN≥100 mm，埋地时采用给水 PPR 管。

室内管道：DN≥100 mm，采用 PPR 管。

阀门设置：DN＞65 mm，采用闸阀；DN≤65 mm，采用截止阀。

（二）排水工程

排水管网只考虑了雨水排放系统，清下水因水质基本未受污染，可与雨水直接通过雨水管道排出场外，室外管道：采用塑料管；室内管道：采用 PPR 管。

六、电气设计

（一）电力计算

该种猪场的用电设备均为三类负荷，对电源无特殊要求。

项目区设有总容量为 250 kVA 变压器 2 个，可供项目建设和运行使用，并提供 380/220 V 电源电压，能满足用电要求。

（二）电力供应

（1）各功能区配电室设置 XL-21 型动力配电箱，采用放射式配电方式。

（2）生产区及办公室设有分配电室。分配电室负责向本生产区及其他动力设备供电。

（3）照明。照明配电箱，采用带漏电保护型开关，嵌入式安装。

（4）控制区采用 ZMX 型净化灯具，吸顶式安装，生产区采用 GC1 型工厂灯及 YG2 型荧光灯，防爆场所采用 B3C-200 型防爆灯。

（5）现场控制按钮、开关等根据环境特点，分别选用的防尘型、防腐型和防爆型。

（6）照明配线。防爆区域采用 BV-500 导线穿钢管明敷设，非防爆区域采用 BV-500 导线穿难燃 PVC 塑料管暗敷设。

（7）动力配线。根据具体情况采用 BV-500 导线穿钢管暗敷设及电力电缆沿托盘明敷设两种配线方式。

（8）由总变电、配电所至各车间的线路采用 VV22 型电力电缆沿道路边直埋地的敷设方式。

七、环保工程

（一）工艺流程

异位发酵床处理粪污是相对于原位发酵床微生物发酵而言的，是指粪污通过漏缝地板后将新鲜猪粪转移到舍外暂存池，并在圈舍外另行修建与养殖量匹配的发酵床（发酵床体积最低建设要求 0.25 m^3/ 头猪），利用垫料和微生物菌进行发酵分解。

（二）具体实施要点

发酵床内铺入以谷壳、秸秆、木屑为主的垫料，加入微生物发酵菌剂，将新鲜粪浆喷洒到发酵床上，在适宜温度条件下经翻耙机翻动，通过人工构建的高效发酵系统将粪污集中收集、异地处理后的粪污变成有机肥，使养殖与粪污处理分开，实现猪场粪污"零排放"。

（三）主要优点

异位发酵床处理粪污具有成本低、操作简单、无污染、无排放、无臭气、土地利用率高等优点。既可充分利用玉米、大豆、辣椒等的秸秆，通过微生物有氧发酵处理，有效抑制害虫和病菌的繁殖，又能将粪污中的粗蛋白、粗脂肪、残余淀粉、尿素等有机物质进行降解或分解成氧气、二氧化碳等，残渣变成有机肥便于运输使用。

（四）适用场景及注意事项

该模式清洁高效，较适用于气温较低，季风性湿润气候的地区。需要注意的是，所使用的异位发酵床墙体高度较干燥地区需要增高并设置曝气系统、回流沟等以保证发酵温度。

猪排出的粪污采用异位发酵床处理，粪尿采用步进式刮粪机刮出猪舍，再二次刮粪转至异位发酵房内的集粪池，将收集的粪尿抽到发酵床上，加入菌种，经高温发酵处理，蒸发水分，多次循环使用后用作农用肥、果树肥、花圃绿地肥。

八、节能设计

（一）设计范围

主要是猪舍及其附属设施的节能设计。

（二）主要节能措施

首先建立了一套完整的节能机制，同时加强了对员工的教育引导，使全体员工树立起效益和环保意识，自觉节能。其次应根据本工程生产特点，结合能耗指标，采取以下节能措施。

（1）项目建筑外形及外围结构设计将考虑节能效果，选用保温性能好的建筑材料。

（2）选用高效低能耗的新型设备，降低产品能耗。

（3）配电设计尽量使配电室靠近负荷较大的设备，选用低损高效电器设备及无功功率就地补偿以降低线路损耗。照明选用高效荧光灯和全卤混光灯减少耗电量。线路均采用铜芯线，机械强度高、阻抗小，损耗也相应减少。

（4）选择准确实用的计量仪表，能源实行场、舍分级计量，准确地计量能源消耗，及时指导产品成本分析。

九、主要仪器设备选型

1. 后备母猪栏

地板采用全碳钢网床，后备母猪大栏尺寸 5.40 m × 3.05 m × 1.00 m，6 分管整体热镀锌。

2. 限位栏

地板采用全碳钢网床，限位栏尺寸 2.20 m × 0.60 m × 1.00 m，6 分管整体热镀锌。

3. 分娩栏

地板采用铸铁加塑料漏缝，分娩栏尺寸 2.20 m × 1.80 m，其中母猪限位架尺寸 2.20 m × 0.60 m × 1.00 m。

4. 保温灯

275 W 防水红外线灯。

5. 风机

变速喇叭口风机，有三种规格，即：50 风机、36 风机、24 风机。

6. 湿帘

纸质湿帘，波纹高度 70 mm，波纹角度 60°，厚度 150 mm。主要是两种长宽规格尺寸 4.72 m × 2.00 m、5.02 m × 2.00 m。

7. 自动料线

不锈钢管道，ϕ 900 mm 大管径中转料线，ϕ 600 mm 小管径饲喂料线，均为塞片式链条料线。

8. 饮水碗

咬嘴式饮水器，余水经专用管道收集。

第四节 家庭农场

家庭农场分三区布局，三级防疫设计，猪舍小单元设计，既方便保温又方便防疫还便于全进全出管理，猪舍不吊顶；猪舍内全碳钢漏缝地板，舍内始终保持干燥，便于火焰消毒；采用步进式自动刮粪系统降低了舍内氨气浓度；采用自动供料系统降低了劳动强度；采用了湿帘风机进行通风降温，仔猪局部保温；使用异位发酵处理粪污实现了粪污"零排放"，是万州区独具特色的家庭农场猪场的模板。详见图4-14。

图 4-14 家庭农场航拍

一、工艺设计

该家庭农场猪场采用大跨度全封闭设计，布局两栋猪舍，一栋公猪后备配怀舍、一栋分娩舍，两栋猪舍并排平行布置，三条连廊相连，猪舍端头布置生产配套用房（包括生产办公房、人员洗澡间、物资熏蒸消毒房、物资储存室、水电维修房、配电房、洗衣房、卫生间等）。

（一）生产工艺设计

1. 技术方案

（1）选用经重庆万州德康农牧有限公司严格选择的洋二元种母猪和杜洛克公猪精液。

（2）母猪采用人工授精，以提高情期受胎率、胎产仔数。

（3）仔猪3周龄断奶，提高母猪利用率。

（4）空怀待配母猪采用群饲，配种、妊娠母猪限位栏饲养，哺乳母猪采用产床饲养，以保证哺乳仔猪对圈舍环境的需要，保育仔猪、育肥猪采取群养的方式。

（5）根据种猪的营养需要，设计先进适用的饲料配方，合理调制猪只的日粮，实施科学的饲养管理技术，以利于猪只发挥尽可能好的生产成绩。

（6）采用有效的消毒措施，实施科学的免疫程序，把猪的发病率、死亡率控制在最低限度。

（7）以三周批次组织生产。

2. 生产工艺流程

采用"分阶段饲养"的养猪生产工艺流程。即：空怀→配种→妊娠→分娩→哺乳→保育→育肥→出售的流水生产作业。详见图4-15。

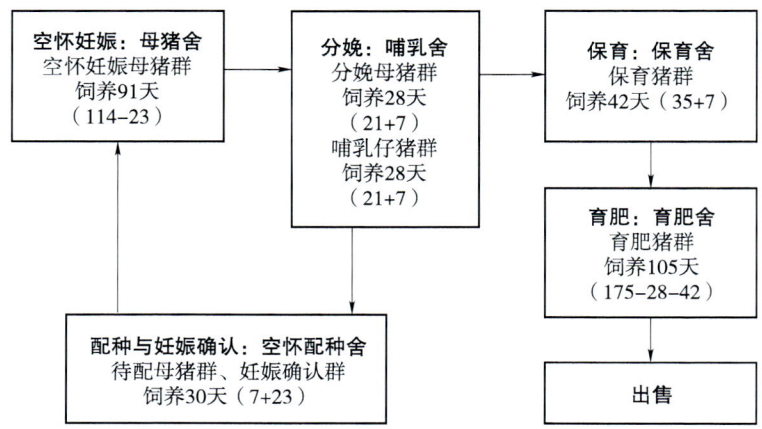

图4-15 猪饲养工艺流程

3. 主要猪舍建筑、猪栏设备及其参数

配怀舍：中对中尺寸 52.76 m × 18.44 m，檐高 3.40 m，屋顶高度 4.50 m，二四墙砖混结构，双坡式屋顶，双层彩钢瓦，舍内不吊顶。单元内布局 5 列限位栏，每列 70 个限位栏 1 个大栏，共 350 个限位栏 5 个大栏，限位栏尺寸 2.20 m × 0.60 m × 1.00 m，大栏尺寸 4.30 m × 3.68 m × 1.00 m，限位栏独立食槽，自动料线供料，饮水碗自动饮水，6 分管热镀锌，6 条纵向过道（其中 3 条过道宽 1.00 m，2 条过道宽 1.50 m，1 条过道宽 1.20 m），3 条横向过道宽 1.00 m。猪舍湿帘面积 25.36 m²，配置 4 台 50 风机 3 台 36 风机。饮水碗自动饮水，余水单独管网收集，自动料线供料。

分娩猪舍：全封闭猪舍，中对中尺寸 36.64 m × 8.44 m，檐高 3.40 m，屋顶高度 4.50 m，二四墙砖混结构，双坡式屋顶，双层彩钢瓦。双列式布局分娩栏，每列 18 个，共 36 个限位栏，分娩栏尺寸 2.40 m × 1.80 m × 1.00 m，3 条纵向过道，中间过道宽 1.00 m，两侧过道 1.20 m，2 条横向过道宽度 1.00 m，湿帘面积 11.36 m²，配置 4 台 36 风机。饮水碗自动饮水，余水单独管网收集，自动料线供料。

保育舍：全封闭猪舍，两联排猪舍中对中尺寸 38.76 m × 13.76 m，檐高 3.40 m，屋顶高度 4.40 m，二四墙砖混结构，双坡式屋顶，双层彩钢瓦，舍内不吊顶。两联排猪舍内部每栋猪舍内单列式布局保育栏 11 个（其中 1 个为隔离栏），一栋两联排保育猪舍内共 22 个保育栏，保育栏尺寸 5.64 m × 3.62 m × 0.60 m，隔离栏尺寸 5.64 m × 2.50 m × 0.60 m，1 条纵向过道宽 1.00 m，两联排猪舍湿帘面积共 19.52 m²，配置 6 台 36 风机。饮水碗自动饮水，余水单独管网收集，自动料线供料。

育肥舍：全封闭猪舍，猪舍中对中尺寸 53.76 m × 8.24 m，檐高 3.40 m，屋顶高度 4.50 m，二四墙砖混结构，双坡式屋顶，双层彩钢瓦，舍内不吊顶。猪舍内部双列式布局保育栏 13 个（其中 1 个为隔离栏），共 26 个保育栏（其中 2 个为隔离栏），一侧育肥栏尺寸 3.70 m × 4.23 m × 1.00 m，隔离栏尺寸 3.70 m × 3.00 m × 1.00 m，1 条纵向过道宽 1.00 m，另一侧育肥栏尺寸 2.70 m × 4.23 m × 1.00 m，隔离栏尺寸 2.70 m × 3.00 m × 1.00 m，1 条纵向过道宽 1.00 m，猪舍湿帘面积共 14.00 m²，配置 2 台 36 风机 2 台 50 风机。饮水碗自动饮水，余水单独管网收集，自动料线供料。

4. 饲养方式

配怀母猪主要采用单体限位栏饲养，分娩母猪高床饲养，保育、育肥猪大栏群养，母猪每天定量喂料，保育、育肥猪自由采食，自由饮水。

5. 清粪方式

采用浅池刮粪机工艺，刮粪机为步进式刮粪机。

（二）工程工艺设计

1. 猪舍种类和尺寸

配怀舍：中对中尺寸 52.76 m × 18.44 m。

分娩舍：中对中尺寸 36.64 m × 8.44 m。

保育舍：两联排猪舍中对中尺寸 38.76 m × 13.76 m。

育肥舍：中对中尺寸 53.76 m × 8.24 m。

2. 配套设施

（1）数据处理及监控系统。配备了数据处理及监控系统，包括硬压缩录像系统、电脑配件等。

（2）其他配套设施。包括供配电网络系统、给排水管道系统、保温降温系统、人工投料系统、粪污处理系统等。

3. 猪舍建筑类型与型式

猪舍为全封闭猪舍，砖混结构，屋顶采用双坡式，钢屋架，夹心彩钢瓦，室内吊顶，设冬天屋顶进风窗。

4. 猪舍环境控制技术方案

猪舍环境控制技术方案的制定主要是根据经济、安全、适用的原则，尽量利用工程技术来满足生产工艺所提出的环境要求。环境控制主要包括猪舍采暖保温、降温、通风及空气质量等方面的控制，其控制技术方案是：

夏季降温：猪舍密闭，横向通风，关闭屋顶通风小窗，采用负压通风与滴水降温系统。

冬季保温：在仔猪保温箱内用红外线灯和电热板，仔猪保育栏内地面设地暖。

冬季换气：从湿帘进风，湿帘端安装扰流板。

光照方式：以人工照明方式为主。

5. 工程防疫设施规划

生产区内净、污道分开。在生产区入口处设置人员洗澡更衣消毒室、物资熏蒸消毒室，严格控制人员和物资消毒。对猪场的粪便污水进行集中处理，采用机械刮粪，将粪集中到粪污区收集池，将粪尿混合后喷洒到垫料中，并加入菌种，堆积发酵，经高温发酵处理后用作农用肥，实现污水零排放，减少了疫病暴发概率和对生态环境及生产环境的影响。

6. 粪污处理与资源化利用技术选择

该猪场主要的污染物有猪粪、尿及少量冲洗污水。

采用雨污分离，刮粪机清粪工艺，减少了污水的产生量，同时也节约了宝贵的水资源。

猪舍排出的粪污集中收集并发酵处理，经高温发酵处理后用作农用肥、果树肥。

工艺流程说明：粪污→发酵处理→还田。

（三）竖向设计

各猪舍内地面高于舍外地面 1.00 m。

二、建筑设计

（一）猪舍类型及其建筑形式

猪舍采用有窗式密闭舍，结构为砖混结构。

（二）猪舍平面设计

1. 圈栏布置

配怀舍、分娩舍、育肥舍均是双列式布局猪栏，保育舍采用两联排，每排内部单列式布局保育栏。

2. 舍内通道布置

分娩舍内 3 条纵向过道（中间 1 条宽 1.00 m，两侧过道均为 1.20 mm 宽）2 条横向过道宽 1.00 m，配怀猪舍、保育猪舍、育肥猪舍内均只有

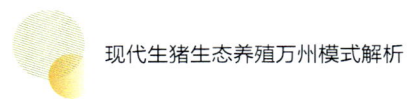

1 条过道宽 1.00 m。

（三）猪舍剖面设计

所有猪舍室内地面标高 ±0.00 m，粪池深度 1.00 m，屋檐标高 2.40 m。

（四）猪舍立面设计

主要为猪舍的前、后、左、右各方向的外貌，重要构配件的标高等。

猪舍地面标高：0.00 m。

风机下缘标高：0.50 m。

湿帘下缘：0.00 m。

（五）猪舍建筑构造设计

1. 墙体

墙体材料采用页岩砖砌块，距地面 1 m 做水泥墙裙。

2. 屋面

屋面简单、轻便、防水、耐火，保温隔热性能好、通气性好、排水便利，屋面材料采用双层复合材料夹心彩钢。

3. 门窗

（1）门。猪舍设置人员进出门和赶公猪门，门洞口尺寸 1.02 m × 2.10 m。

（2）窗。窗体结构为双层玻璃塑钢窗，下沿标高 0.70 m，洞口尺寸为 1.20 m × 1.20 m。

4. 砌体工程

墙垛尺寸 120 mm，墙厚度均为 240 mm。

5. 装饰工程

（1）外墙。外墙抹灰找平刷白灰，山墙层高处刷 150 mm 灰色油漆装饰线。

（2）内墙。猪舍内房间为水泥砂浆墙面。

（3）地面。地面为水泥砂浆地面。

（4）屋面。屋面采用带隔热层的蓝色彩钢瓦。

三、结构设计

(一)设计等级

基本风压:0.40 kN/m^2;地面粗糙度类别:B 类。
场地地震基本烈度:六度(0.05 g);抗震设防烈度:六度(0.05 g)。

(二)建筑结构安全等级和使用年限

建筑结构安全等级:三级。
建筑耐火等级:二级。
结构设计使用年限:基础设施为 25 年;辅助设施为 25 年。
建筑抗震设防类别:丙类。
地基基础设计等级:丙类。

(三)圈舍及构筑物设计

1. 猪舍
(1)猪舍的建筑模式。砖砌体结构,檐高 4.50 m。
(2)设计采用的均布荷载标准值。中心面:2.0 kN/m^2;中心梯、走廊、卫生间:2.5 kN/m^2;消防疏散中心梯:3.5 kN/m^2;上人屋面:1.5 kN/m^2;不上人屋面:0.5 kN/m^2。

2. 地基及基础
(1)场地属于Ⅱ类场地土,采用砖砌条型基础砌筑。
(2)基础设计中,在基础及基础梁下浇筑一层 100 mm 厚 C15 素混凝土垫层。
(3)地基基础设计等级为丙级。

3. 砌体部分
砌体材料:±0.00 m 以下砖墙采用 MU10 页岩砖,M7.5 水泥砂浆砌筑;±0.00 m 以上砖墙采用 MU10 页岩砖,M5 水泥砂浆砌筑,墙厚 240 mm。
砌体施工质量控制等级:B 级。

4. 钢屋架部分
(1)钢屋架,最大跨度 18 440 mm。

（2）屋面选用带隔热层的彩钢板夹岩棉。

（四）防护设计

（1）粪污处理设施（如堆粪场和污水处理池等）处于场地的下方。
（2）生产区内道路净、污道分开。
（3）生产区入口设置洗澡更衣消毒室和物资熏蒸消毒室。
（4）各猪舍入口处和更衣消毒间的进口设置脚踏消毒池。

四、配套设施与设备工程设计

（一）采暖工程

哺乳仔猪局部保温灯加热，下铺保温垫。

（二）通风与降温系统

通风采用机械纵向通风方式进行降温。
夏季机械通风的风速不超过 1.50 m/s。

（三）供料系统

采用自动料线供料系统，减少车辆进入，采用中转料塔中转饲料。

五、给排水工程

（一）给水工程

1. 管网布置

给水管网系统采用生产、生活和消防共同给水系统，为保证供水的连续性，场区给水干管布置成环状。

2. 供水设施

室外管道：DN≥100 mm，埋地时采用给水 PPR 管。
室内管道：DN≥100 mm，采用 PPR 管。
阀门设置：DN＞65 mm，采用闸阀；DN≤65 mm，采用截止阀。

（二）排水工程

排水管网只考虑了雨水排放系统，清下水因水质基本未受污染，与雨水直接通过雨水管道排出场外，室外管道：采用塑料管；室内管道：采用PPR管。

六、电气设计

（一）电力计算

该家庭农场的用电设备均为三类负荷，对电源无特殊要求。

项目区设有总容量为 250 kVA 变压器 2 个，可供项目建设和运行使用，并提供 380/220 V 电源电压，能满足用电要求。

（二）电力供应

（1）各功能区配电室设置 XL-21 型动力配电箱，采用放射式配电方式。

（2）生产区及办公室设有分配电室。分配电室负责向本生产区及其他动力设备供电。

（3）照明。照明配电箱，采用带漏电保护型开关，嵌入式安装。

（4）控制区采用 ZMX 型净化灯具，吸顶式安装，一般生产区采用 GC1 型工厂灯及 YG2 型荧光灯，防爆场所采用 B3C-200 型防爆灯。

（5）现场控制按钮、开关等根据环境特点，分别选用的防尘型、防腐型和防爆型。

（6）照明配线。防爆区域采用 BV-500 导线穿钢管明敷设，非防爆区域采用 BV-500 导线穿难燃 PVC 塑料管暗敷设。

（7）动力配线。根据具体情况采用 BV-500 导线穿钢管暗敷设及电力电缆沿托盘明敷设两种配线方式。

（8）由总变电、配电所至各车间的线路采用 VV22 型电力电缆沿道路边直埋地的敷设方式。

七、环保工程

（一）工艺流程

异位发酵床处理粪污是相对于原位发酵床微生物发酵而言的，是指粪污通过漏缝地板后将新鲜猪粪转移到舍外暂存池，并在圈舍外另行修建与养殖量匹配的发酵床（发酵床体积最低建设要求 0.25 m^3/头猪），利用垫料和微生物菌进行发酵分解。

（二）具体实施要点

发酵床内铺入以谷壳、秸秆、木屑为主的垫料，加入微生物发酵菌剂，将新鲜粪浆喷洒到发酵床上，在适宜温度条件下经翻耙机翻动，通过人工构建的高效发酵系统将粪污集中收集、异地处理后的粪污变成有机肥，使养殖与粪污处理分开，实现猪场粪污"零排放"。

（三）主要优点

异位发酵床处理粪污具有成本低、操作简单、无污染、无排放、无臭气、土地利用率高等优点。既可充分利用玉米、大豆、辣椒等的秸秆，通过微生物有氧发酵处理，有效抑制害虫和病菌的繁殖，又能将粪污中的粗蛋白、粗脂肪、残余淀粉、尿素等有机物质进行降解或分解成氧气、二氧化碳等，残渣变成有机肥便于运输使用。

（四）适用场景及注意事项

该模式清洁高效，较适用于气温较低，季风性湿润气候的地区。需要注意的是，所使用的异位发酵床墙体高度较干燥地区需要增高并设置曝气系统、回流沟等以保证发酵温度。

猪排出的粪污采用异位发酵床处理，粪尿采用步进式刮粪机刮出猪舍，再二次刮粪转至异位发酵房内的集粪池，将收集的粪尿抽到发酵床上，加入菌种，经高温发酵处理，蒸发水分，多次循环使用后用作农用肥、果树肥、花圃绿地肥。

八、节能设计

（一）设计范围

主要是猪舍及其附属设施的节能设计。

（二）主要节能措施

首先建立了一套完整的节能机制，同时加强了对员工的教育引导，使全体员工树立起效益和环保意识，自觉节能。其次应根据本工程生产特点，结合能耗指标，采取以下节能措施。

（1）项目建筑外形及外围结构设计将考虑节能效果，选用保温性能好的建筑材料。

（2）选用高效低能耗的新型设备，降低产品能耗。

（3）配电设计尽量使配电室靠近负荷较大的设备，选用低损高效电器设备及无功功率就地补偿以降低线路损耗。照明选用高效荧光灯和全卤混光灯减少耗电量。线路均采用铜芯线，机械强度高、阻抗小，损耗也相应减少。

（4）选择准确实用的计量仪表，能源实行场、舍分级计量，准确地计量能源消耗，及时指导产品成本分析。

九、主要仪器设备选型

（一）后备母猪栏

地板采用全碳钢网床，后备母猪大栏尺寸 5.40 m × 3.05 m × 1.00 m，6 分管整体热镀锌。

（二）限位栏

地板采用全碳钢网床，限位栏尺寸 2.20 m × 0.60 m × 1.00 m，6 分管整体热镀锌。

（三）分娩栏

地板采用铸铁加塑料漏缝，分娩栏尺寸 2.20 m × 1.80 m，其中母猪限位架尺寸 2.20 m × 0.60 m × 1.00 m。

（四）保温灯

275 W 防水红外线灯。

（五）风机

变速喇叭口风机，有三种规格，即：50 风机、36 风机、24 风机。

（六）湿帘

纸质湿帘，波纹高度 70 mm，波纹角度 60°，厚度 150 mm。主要是两种长宽规格尺寸 4.72 m × 2.00 m、5.02 m × 2.00 m。

（七）自动料线

不锈钢管道，ϕ 900 mm 大管径中转料线，ϕ 600 mm 小管径饲喂料线，均为塞片式链条料线。

（八）饮水碗

咬嘴式饮水器，余水经专用管道收集。

第五章 万州区生猪生态养殖运营管理模式解析

第一节 "龙头企业+村集体经济组织+家庭农场"模式

万州区"龙头企业+村集体经济组织+家庭农场模式"是指以重庆市万州区德康农牧科技公司为龙头牵头经营管理，村集体经济组织投入资金到家庭农场参股，家庭农场负责养猪生产的一种生猪养殖经营模式。

一、龙头企业

重庆万州德康农牧科技有限公司作为龙头企业，负责整个生态猪养殖运营管理，建设经营饲料厂、种猪场、种公猪站。为家庭农场提供猪只、饲料、兽药、疫苗等生产性物资，负责家庭农场生猪养殖技术指导服务。

负责育肥猪的回收，按照养殖合作协议约定为家庭农场出栏的育肥猪结算代养费。

二、村集体经济组织

村集体经济组织与家庭农场业主签订入股协议，将财政补助资金入股家庭农场建设生态猪养殖场。村集体经济组织负责家庭农场养殖场建设中土地流转工作，协调家庭农场与周边农户的关系。村集体经济组织不参与家庭农场的经营管理活动，每年享受家庭农场固定分红（图5-1）。

图5-1　万州区有机农业产业化建设项目2022年村集体经济组织入股分红仪式

三、家庭农场

家庭农场与龙头企业签订养殖合作协议，负责筹措资金，依据《重庆市万州区生猪生态养殖场建设标准（修订）》修建标准化生态猪养殖场。养殖场建设完成，经专家组和龙头企业按照《万州区生猪生态养殖场验收办法》验收合格后，家庭农场接收龙头企业提供的猪只和养殖生猪所需的物资，在龙头企业技术指导下，按照龙头企业的生产标准经营生态猪养殖场。出栏肥猪后，家庭农场业主向龙头企业结算代养费，并按约定每年向村集体组织固定分红。

第二节 家庭农场运营模式

家庭农场经营模式是一种委托养殖关系模式，即龙头企业委托家庭农场主为龙头企业代养生猪，本质上双方都是自主经营、自负盈亏的合法经营主体，双方之间不存在隶属、投资、雇用、劳动或承包关系，双方在合同中的法律关系为根据优势互补原则形成的委托养殖关系。万州区家庭农场运营模式有两种，一是家庭农场业主自主经营的代养模式；二是龙头企业租赁家庭农场自己经营的模式。

一、代养模式

（一）代养方式

重庆万州德康农牧科技有限公司采用记账方式向家庭农场业主提供种猪、猪精液、饲料、药品、疫苗等物料（以下统称猪只养殖物料）及养殖技术指导，家庭农场业主利用其养殖场地、设施设备及饲养管理人员按重庆万州德康农牧科技有限公司要求饲养管理猪只，猪只达到约定的上市销售条件后，由重庆万州德康农牧科技有限公司收回并按约定向家庭农场业主支付养殖报酬（即代养费）。家庭农场业主接受重庆万州德康农牧科技有限公司的生猪养殖委托后，利用重庆万州德康农牧科技有限公司在饲料生产、生猪养殖行业中的供、产、销等资源平台，获取重庆万州德康农牧科技有限公司的技术支持和融资帮助，解决在生猪养殖的品种、资金、技术、营销等方面的难题，从而实现快速做大做强、持续稳产增收的养殖致富目的。

（二）协议约定主要内容

重庆万州德康农牧科技有限公司与家庭农场主签订养殖合作协议，主要对猪场养殖物料权限归属以及养殖物料规范、养殖场地权限归属以及养殖场地合格条件、猪场饲养管理标准以及要求、猪只上市出售约定、合作保证金缴纳标准、养殖报酬结算方式以及支付期限、其他事项、违约责任、合同变更和解除、争议解决、合同期限等方面进行了约定。

（三）代养费计算方式

1. 代养费计算方式

代养费＝收入－支出＋各类奖补款－各类扣款

收入＝正品肥猪回收单价×正品肥猪回收总重＋次品肥猪回收单价×次品肥猪回收总重＋级外品肥猪回收单价×级外品肥猪回收总重

支出＝母猪成本批次分摊单价×母猪头数＋各类经产母猪料单价×对应的经产母猪料领用量＋各类肥猪料单价×肥猪料领用量＋各类动保单价×对应的动保数量＋其他物料的单价×对应的物料领用数量

2. 结算涉及的部分相关数据

（1）回收单价以定价方案执行，各品级（正品肥猪、次品肥猪、级外品肥猪）回收总重根据《销售磅码单》或结算表记载数据计算。

（2）母猪头数＝该批次分娩母猪头数＋该批次参配未分娩母猪头数×平均妊娠中断天数÷135天。

（3）各品类饲料领用量以领用单据或结算表记载数据为准，饲料单价以定价方案执行。

（4）动保（含药品、疫苗，下同）、猪精液及其他物料（含辅料）的单价及数量，以领用单据或结算表记载数据为准；如动保的实际领用量低于对应的程序标准，则以标准耗用量作为动保数量。

（5）批次正品和级外品肥猪的实际销售均价以及批次肥猪回收销售均重，根据甲方回收肥猪销售时《销售磅码单》或结算表记载数据计算。

（6）批次支出：包含本批次配种母猪及其所产仔肥猪的所有物料耗用，本批次配种母猪在进入下批次配种状态或淘汰前的物料耗用均计入本批次支出。图5-2所示为代养户领取代养费。

图 5-2 万州区有机农业项目代养户领取代养费

二、租赁模式

（一）租赁方式

部分家庭农场养殖场建设体量大，养殖场业主缺乏生猪养殖经验，没有生产经营能力，由家庭农场业主提供验收合格的圈舍，重庆万州德康农牧科技有限公司提供猪只和养殖生产所需物料，并由重庆万州德康农牧科技有限公司自主经营，承担猪场正常运行所需的人工、水电等费用。猪只出栏后，按照合同约定支付家庭农场业主租赁费用。

（二）租赁协议约定主要内容

重庆万州德康农牧科技有限公司与家庭农场业主签订养殖合作协议，主要对猪只养殖物料权限归属以及养殖物料规范、养殖场地权限归属以及养殖场地合格条件、猪只饲养管理标准以及要求、猪只上市出售约定、合作保证金缴纳标准、养殖报酬结算方式以及支付期限、其他事项、违约责任、合同变更和解除、争议解决、合同期限等方面进行了约定。

（三）租赁经营费用计算方式

重庆万州德康农牧科技有限公司与家庭农场业主以固定头均代养费的

方式计算批次委托养殖报酬（按该批次种猪产仔出栏育肥生猪数量 × 固定头均代养费计算），出栏育肥生猪数量为重庆万州德康农牧科技有限公司销售的正品和次品育肥猪（以重庆万州德康农牧科技有限公司实际销售磅码单数量为准），固定头均代养费标准由双方按照出栏肥猪 ××× 元 / 头。

甲方在向乙方支付委托养殖报酬时扣减、扣补、抵消核定固定费用（按该批次种猪产仔出栏育肥生猪数量 × 核定固定头均运营费用计算），核定固定头均运营费用标准为 ××× 元 / 头。

第三节　饲料中的益生菌选择和添加

益生菌指含活菌（或）包括菌体组分及代谢产物的死菌的生物制品，经口或其他黏膜投入，能在黏膜表面处改善生物与酶的平衡或刺激特异性及非特异性免疫。饲料中添加益生菌可以通过优化动物肠道微生态群落、提高饲料营养价值，从而改善动物的生长性能、免疫功能和整体健康状况，也可以降低猪场的臭味和氨气排放，改善养殖环境。

饲料中添加益生菌的做法在畜牧业中已得到广泛应用，目前饲料中最常用的益生菌是乳酸菌，包括枯草芽孢杆菌、乳酸杆菌、酵母菌、芽孢杆菌、光合菌等菌种，在饲料中添加益生菌具有以下优点。

一、促进肠道消化吸收提高生长速度

微生态制剂富含益生菌，能够改善肠道内环境，提高肠道的消化吸收功能。益生菌通过与肠道黏膜紧密结合，形成相对稳定的微生态环境，增加肠道的利用率，帮助消化吸收食物中的营养物质，提高饲料转化率，提高生长速度。

二、调节肠道菌群平衡减少肠道疾病产生

微生态制剂中的益生菌可以通过竞争性排挤、产生抑菌物质等方式调整肠道菌群平衡，抑制有害菌的生长，增加有益菌群数量，同时微生态制剂中的益生菌能够分解食物纤维，产生短链脂肪酸，改善肠道环境，增加肠蠕动和黏液分泌，从而缓解便秘和其他肠胃问题，改善肠道健康有效预防仔猪流行性腹泻，减少因腹泻带来的损失。

三、增强免疫力

微生态制剂中的益生菌可以激活肠道免疫系统，增强机体免疫力。益生菌能够提高肠道黏膜屏障功能，阻止有害物质的侵入。另外，益生菌还具有调节免疫细胞活性、提高抗炎能力等功效，有助于预防和缓解肠道炎症和过敏等免疫相关问题，提高猪只的免疫力和抗病力，提高成活率。

四、改善肉质品质

采用无抗养殖技术，饲料中添加益生菌可以有效改善猪肉的品质，提高产品质量，经肉质检测优于国家绿色食品标准。复合微生态菌剂饲喂动物使畜禽体内抗生素药物减少消除了化学污染和生物污染。不仅使畜禽生长快，而且肉的蛋白质含量明显提高。

为寻找适合万州生猪养殖模式中合适的饲料益生菌，广东中科无抗养殖科技有限公司在多个猪场开展无抗试验，对猪场后备猪、母猪、育肥猪饲料中添加微生态—饲养型菌剂的方式开展相关实验。在日粮中添加10%的生物发酵饲料或0.1%的饲料益生菌进行实验，实验结果显示，使用该方法可以有效提高猪群的免疫力，较少仔猪死亡率，同时降低仔猪的料重比，增加猪只生长速度，同时使用该方式可以在一定程度上改善猪肉品质，也可以减少猪只的排泄物臭味，降低氨氮含量，净化空气。公司生产相关产品如图5-3，饲料中添加益生菌生产流程如图5-4。

图 5-3　饲料微生物制品

```
         ↗配料仓                    ↘
手投原料
         ↘待粉碎仓 → 粉碎 → 配料仓 → 配料

筒仓原料 → 待粉碎仓 → 粉碎 → 配料仓 ↗

大料称料                           ↓
                         → 待混合仓 → 混合 →
微量称配料（益生菌添加）→ 混合 ↗

→ 待制粒仓 → 制粒 → 冷却器 → 振动筛 → 成品仓
```

图 5-4　益生菌添加流程

第六章
万州区生猪生态养殖生物安全模式解析

随着万州区生猪产业设施化、规模化、标准化快速发展，生猪养殖代养模式逐渐推广，猪群流动日趋频繁，在非洲猪瘟感染风险持续存在的大环境下，生猪养殖呈现旧病未除、新病不断的严峻形势，诸如非洲猪瘟、口蹄疫、高致病性蓝耳病、猪伪狂犬病、猪Ⅱ型圆环病毒病、猪Ⅲ型圆环病毒病、猪冠状病毒病等生猪疫病，给生猪产业造成重大威胁和巨大经济损失。因此，建立万州区整体生物安全模式对生猪疫病防控显得尤为重要。

第一节　生猪疫病防控体系解析

一、兽医体系

（一）机构设置

1. 万州区防治动物重大疫病指挥部

成立万州区防治动物重大疫病指挥部，为万州区人民政府动物重大疫病防控常设工作机构，由分管农业副区长任指挥长，在区农业农村委设置指挥部办公室，区农业农村委主任兼任办公室主任。

2. 重庆市万州区农业农村委员会

负责全区兽医行政管理工作，涉及畜牧兽医类业务工作的科室（站所）主要有：区农业农村委养殖业科、区农业综合行政执法支队（副处级）、区畜牧产业发展中心。区畜牧产业发展中心和区农业综合行政执法支队共同指导乡镇农业服务中心开展兽医工作。

3. 万州区农业综合行政执法支队

负责动物疫病防控和动物卫生监督执法、协助重大动物疫病的应急处置、参与指挥部事务性工作。

4. 万州区畜牧产业发展中心

挂万州区动物疫病预防控制中心牌子，主要职能为：动物防疫（预防、控制、净化、扑灭）、动物及动物产品检疫、承担动物疫情监测、流行病学调查、疫情预警预报及防疫物资管理，以及全区动物防疫条件审查事务性工作和动物卫生监督检查站的事务性工作。

5. 万州区兽医实验室

万州区兽医实验室为生物安全二级实验室，承担着全区动物疫病监测、检测、诊断和流行病学调查、疫情报告等工作。连续三次通过了重庆市农业农村委的兽医实验室考核。该实验室建立完善了质量管理体系和兽医实验室生物安全体系，并严格按照质量管理体系和兽医实验室生物安全体系的要求管理和开展实验室活动。

万州区兽医实验室位于万州区百安坝街道百安大道75号十楼，面积约350 m^2，设置PCR室、前处理室、血清室、洗涤室等14个功能室，功能分区恰当、布局合理、内部设施达到生物安全二级实验室的要求和区县级兽医实验室建设标准。拥有荧光PCR仪、酶标仪、高压灭菌锅、生物安全柜等仪器设备74台（套），价值190余万元。实验室现有工作人员10人，其中硕士研究生4人，大学本科2人，大学专科2人，高中及中专学历2人；有高级职称1人，专业技术人员比例80%。实验室专职实验员4人，平均年龄35岁，均能够掌握有关诊断监测工作；在参加重庆市农业农村委员会历年组织的实验室能力对比中，万州区比对结果吻合率均为100%。2019年1月，区兽医实验室首批获得非洲猪瘟检测资质，2020年通过区县兽医实验室考核，有效期至2025年。

（二）人员配备

1. 万州区畜牧产业发展中心

万州区畜牧产业发展中心是公益一类、全额拨款、正科级事业单位，独立法人，核定编制80人，其中：主任1人，副主任3人。目前在岗66人，其中专业技术人员57人，占在岗人员的86%，正高级2名、副高级11人、硕士20人。为保证屠宰管理等需要，从社会聘请28名合同类技术人员。

2. 万州区农业综合行政执法支队

万州区农业综合行政执法支队共有执法人员63人，其中直接从事动物疫病防控专业执法26人。

3. 基层农服中心

截至2023年，区、镇乡（街道）两级技术推广机构共50个，镇乡（街道）畜牧技术推广机构现有在编畜牧技术人员141人，其中研究生学历5人，本科学历23人，专科学历73人，其他学历40人；高级职称23人，中级职称64人，初级职称26人，其他28人。其中以履行畜牧业技术推广、畜牧生产统计、动物检验检疫、动物防疫等工作职能为主的人员有104人。

4. 官方兽医

全区在岗官方兽医共205人，其中区级官方兽医40人，镇乡官方兽医165人。

5. 村级防疫员

全区有村级动物防疫员266人，负责辖区内各村动物强制免疫、消毒灭源等基层防疫工作。

6. 兽医

全区注册、备案的执业兽医师56人，助理兽医师9人，乡村兽医123人，协助、配合官方兽医做好本地区动物疫情报告、动物疾病诊断及治疗等工作。

二、制度建设

万州区高度重视兽医卫生防疫制度建设，从政府层面到业务层面，层层落实非洲猪瘟防控政策及工作。万州区政府办公室出台了《关于切实做好非洲猪瘟等动物疫病防控工作的通知》和《关于印发万州区非洲猪瘟疫情应急预案实施方案的通知》。区防治动物疫病指挥部及办公室转发农业农村部《关于印发〈非洲猪瘟疫情应急实施方案（第五版〉）的通知》。区防治动物疫病指挥部转发《重庆市防治重大动物疫病指挥部关于进一步落实非洲猪瘟防控措施的通知》和《重庆市防治重大动物疫病指挥部关于进一步加强非洲猪瘟防控的紧急通知》。万州区动防办关于印发《万州区非洲猪瘟防控实施方案》的通知、《关于开展违法违规调运生猪百日专项打击行动的通知》《关于印发万州区非洲猪瘟疫情有奖举报暂行办法的通知》《关于报送非洲猪瘟等动物疫病防控工作日报告的通知》等文件。同时全区加强了对非洲猪瘟的防控关键措施如监测采样、消毒、检疫、无害化处理、应急物资管理、打击非法调运等建章立制，督查落实，有效防控非洲猪瘟疫情，努力实现清净无疫。

三、应急管理

制定应急预案。为进一步做好非洲猪瘟等重大动物疫病防控工作，适应新形势下疫情防控需要，有效控制和扑灭重大动物疫情，规范非洲猪瘟、猪瘟、口蹄疫、高致病性猪蓝耳病、高致病性禽流感、鸡新城疫、狂犬病等重大动物疫病及人兽共患传染病处置工作，防止疫情势态扩大，推动万州区畜牧业的健康发展，确保人民身体健康和食品安全及社会稳定。根据《中华人民共和国动物防疫法》《重庆市动物防疫条例》等相关法律法规和政策规定，制定《重庆市万州区突发动物疫情应急预案》。预案中应急处置流程（图6-1）科学有效，能及时、有效预防、控制和扑灭突发动物疫情，最大限度减轻突发重大动物疫情对畜牧业及公众健康造成的危害，保持经济持续稳定健康发展，保障公众身体健康安全，维护公共卫生安全和社会稳定。万州区未发生一起重大动物疫病，未发生重大畜产品安全事件，未发生兽医公共安全事件。

万州区近几年在大力发展生猪养殖的同时，非常注重生猪防疫及应急管理工作，得到重庆市有关部门的认可，2023年重庆市突发动物疫情应急演练活动在万州举行，距上一次重庆市突发动物疫情应急演练已过去12年。应急演练活动由重庆市防治动物重大疫病指挥部主办、万州区防治动物重大疫病指挥部和重庆三峡职业学院共同承办，旨在全面提升防控动物疫情的应急联动能力和应急处置水平，及时有效地预防、控制和扑灭突发动物疫情，最大限度减少动物疫情造成的损失，保障我市畜牧业健康发展。现场假定某养殖场发生非洲猪瘟疫情，经过疫情报告与先期处置、应急响应与应急处置、响应终止与善后处置三个科目，依次开展流行病学调查，追踪溯源，采集样品检测，消毒、扑杀和无害化处理等流程，各应急处置小组认真负责、精准定位、各司其职，既分工协作、相互配合又环环相扣、有序进行，达到了应急演练预期效果，赢得了现场观摩人员一致好评。

四、疫病监测

生猪疫病监测能够及时发现并控制疫病的传播，通过定期监测，可以

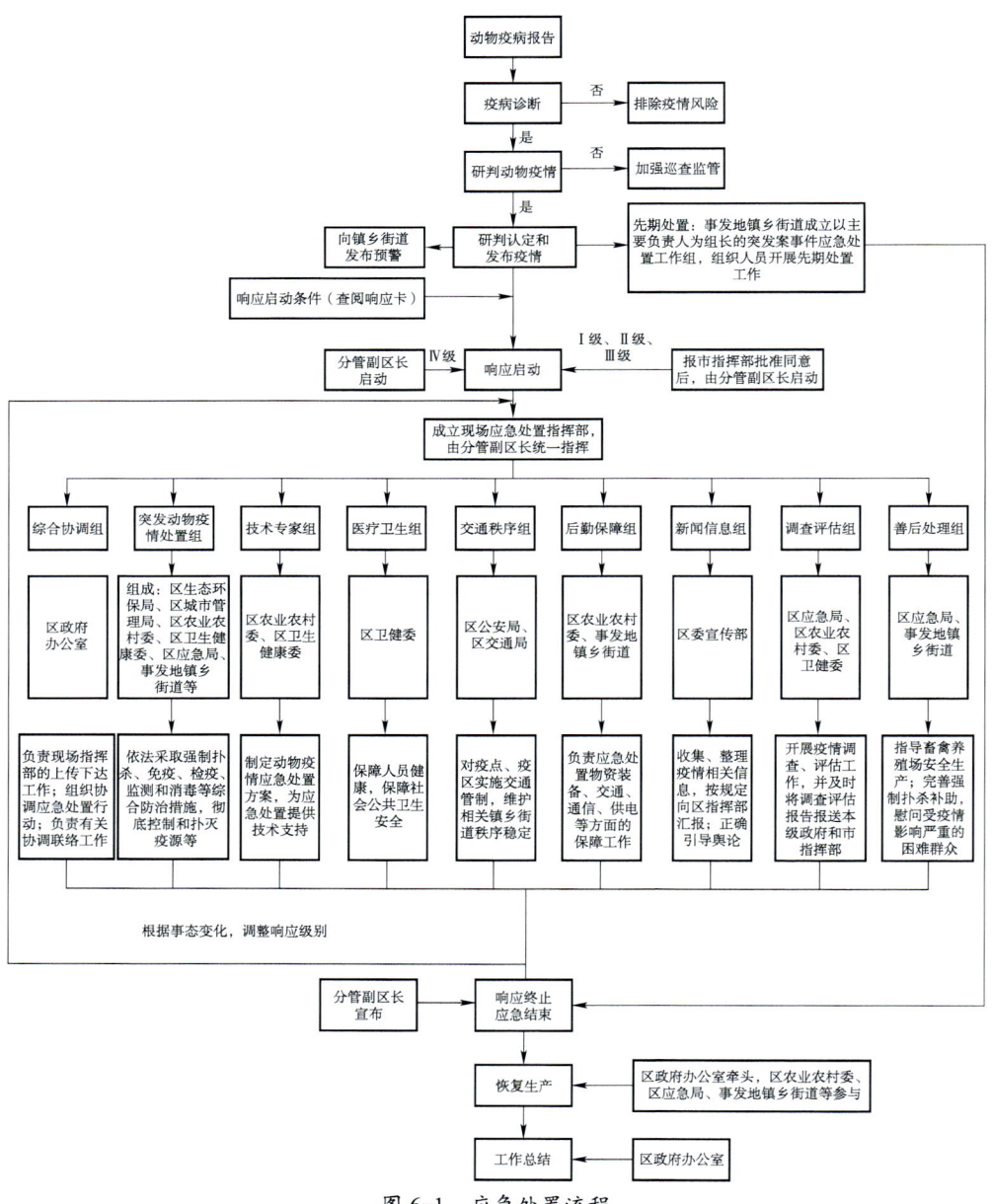

图 6-1 应急处置流程

掌握疫病的流行情况，为制定科学的防控措施提供依据，有效的疫病监测能够降低生猪的发病率和死亡率，减少养殖过程中的损失，提高养殖效益。同时，监测结果还可以指导养殖者合理使用疫苗和药物，提高养殖管理水平。结合全区畜禽饲养、动物疫病流行等情况综合分析研判，猪病监测内容做如下安排。

（一）猪一类动物疫病

1. 监测病种

免疫抗体监测：猪 O 型、A 型口蹄疫（如未免疫 A 型口蹄疫疫苗则为 A 型感染抗体监测）。

非结构蛋白抗体监测：猪口蹄疫。

感染性抗体监测：非洲猪瘟。

病原学监测：非洲猪瘟、口蹄疫。

2. 监测范围、频次与数量

做到规模场和散养户全覆盖，抽样随机（需兼顾不同品种、日龄、场所），抽样数量遵循统计学原理，具有代表性。

（1）散养户猪只免疫抗体监测。以每个包片（责任）兽医的责任区域为 1 个监测单元，所有监测单元要在一个免疫保护期内（每 6 个月）至少开展 1 次监测，随机采样 30 份；规模养殖场：对办理了动物防疫条件合格证的动物饲养场，监测频次为半年 1 次。饲养周期不到 6 个月的动物，至少要开展 1 次监测。对畜禽原种场和祖代场，要适当加大监测数量，监测频次仍为半年 1 次；监测场点中涵盖辖区内所有的强制免疫"先打后补"申请场点，挂牌兽医做好防疫监督、技术指导及监督采样等工作。

（2）非洲猪瘟病原监测。对区内无疫小区（已建和在建）、规模养殖场、散养户、屠宰场、市场等开展非洲猪瘟病原学监测。在屠宰场、农贸市场采样时，采样动物应来自本市，并在采样单中注明其来源地。为做好动物疫病净化工作，已建和在建的非洲猪瘟无疫小区，至少每半年应开展 1 次非洲猪瘟病原学监督检测，采样范围应覆盖养殖、运输、洗消、无害化处理、缓冲区等所有环节。对屠宰场非洲猪瘟自检留存样品开展复核检测。各地基层兽医防疫队伍在现场排查过程中，若发现有疑似非洲猪瘟的，要立即按要求采样并送区兽医实验室进行非洲猪瘟病原学检测。各单位在采样及实验室检测过程中，要严格执行生物安全有关规定，防止病原扩散；分季度实施口蹄疫监测。在屠宰场，采集猪的颌下淋巴结、扁桃体等样品；在饲养场，采集猪扁桃体。

（二）猪二类传染病

1. 监测病种

（1）免疫抗体监测猪瘟、猪繁殖与呼吸综合征。

（2）病原学监测猪瘟、猪繁殖与呼吸综合征。

2. 监测范围、数量和频次

（1）散养户猪只免疫抗体监测。以包片（责任）兽医的责任区域为单元，所有检测单元要在一个免疫保护期内（每6个月）至少对本单元的生猪开展1次猪瘟、猪繁殖与呼吸综合征免疫抗体监测，可结合生猪口蹄疫免疫抗体监测一并进行；规模猪场：接受动物饲养场委托检测，必要时实施监督监测。

（2）猪瘟、猪繁殖与呼吸综合征病原学监测。在屠宰场采集来源于本市的猪颌下淋巴结进行监测，且须在采样单中注明被采样动物来源地。

（三）猪其他疫病

对辖区内的重庆万州德康农牧科技有限公司种公猪站、祖代种猪场进行猪伪狂犬病监测工作。各地根据养猪生产需要，组织开展病毒性腹泻、传染性胸膜肺炎等常见动物疫病的监测工作。

五、流行病学调查

生猪流行病学调查旨在全面了解生猪疫病的流行情况，包括疫病的种类、分布、传播途径和流行趋势等。通过调查，可以及时发现并掌握疫病的动态变化，为制定科学的防控措施提供重要依据。合理制订流行病学调查计划对完善全区整体生物安全体系至关重要。生猪流行病学调查做如下安排：

（一）专项流行病学调查

万州区是国家猪病流行病学定点调查区县之一，严格按照中国动物卫生与流行病学调查中心要求做好配合、做好调查、采样等相关工作。

（二）定点流行病学调查

1. 调查范围

全区 49 个涉农镇乡街道，调查点优先选择具有"先打后补"资质的养殖场报送相关信息，若无，则选择取得《动物防疫条件合格证》的养殖场报送相关信息。动物卫生监督检查站数据由龙驹动物卫生监督检查站提供，屠宰场数据由重庆市万州蓝希络食品有限公司和重庆市万州区鑫申宝食品有限公司提供，调查点一经确定本年度不得更改。

2. 调查内容

每次调查包括养殖环节、流通环节、屠宰环节和诊疗环节等方面的信息；主要针对所涉及的调查点在该调查季度内的区位信息、场点信息、免疫信息、养殖情况、场点内动物增减情况、防疫条件、动物发病死亡情况、生物安全管理、采样检测情况等内容。

3. 调查频次及方法

每季度开展一次调查，调查与各镇乡、街道动物疫病监测采样工作同步进行。调查采用现场查阅养殖档案并填写《万州区动物疫病定点流行病学调查表》（表 6-1）和实验室血清学、病原学检测相结合的方式进行。

表 6-1 重庆市万州区动物疫病定点流行病学调查（猪场）

养殖场点区位信息	乡（镇、街道）	养殖场名称	业主姓名	联系电话	经度	纬度
场点规模（单位：头/只/羽）	<100	100～499	500～999	1 000～4 999	5 000～9 999	10 000～49 999	≥50 000

（续表）

场点内动物增减	分类	季初存栏数	季度新增数	季度调出数	季度发病数	季度死亡数
	未断奶仔猪					
	保育猪					
	育肥猪					
	经产母猪					
	后备母猪					

调入记录　　　　　　　　　　　调出记录
（调入时间、　　　　　　　　　（调出时间、
地点、种类、　　　　　　　　　地点、种
数量）　　　　　　　　　　　　类、数量）

发病临床症状
初诊结果
填报人　　　　　　　联系电话　　　　　　　填报时间

（三）应急流行病学调查

若发生疑似非洲猪瘟、口蹄疫等重大动物疫病时及时上报疫情，并且开展应急流行病学初步调查，填写《紧急流行病学调查表》（表6-2）。区畜牧产业发展中心根据具体情况组织开展调查、采样、实验室检测等工作，并及时将调查结果及检测结果报送至万州区农业农村委员会。

表6-2　重庆市猪病紧急流行病学调查

序号：_____　　　　填表日期：_____年____月____日

1. 基础信息

（1）场/户/养殖小区概况

　　名称　　　　　　　　　　　　　启用时间
　　场/户主姓名　　　　　　　　　电话
　　地址　　　　　　　　　　　　　乡（镇、街道）　　村（场）
　　防疫条件合格证　　　　　　　　□有　□无　　有效期：

(2) 调查简要信息

调查原因	☐畜主/村疫情报告员发现 ☑监测发现可疑病例　　☐其他_____	
调查人员姓名		单位
调查日期		
发现第一例可疑病例		
报告日期		

(3) 场/户/养殖小区养殖概况（养殖场可不填养殖户数）

畜种	存栏数*（头）	养殖户数	免疫数（头）	免疫程序	疫苗来源（A.政府发放；B.自购；C.无）	疫苗种类、生产厂家及批号	最近一次免疫时间
能繁母猪				☐A.春秋防集中免疫 ☐B.常年补免加春秋防集中免 ☐C.程序免疫 ☐D.无			
后备母猪							
仔猪							
育肥猪							
公猪							

注：*存栏数是指发病前的存栏数。

(4) 混养情况

混养类型	户　数	备　注（说明各种混养动物的饲养数量）
猪/羊		
猪/牛		
猪/牛/羊		

(5) 疫病既往史

病名	发病日期	详细信息（发病、病死、处理等）

2. 现况调查

（1）感染畜群情况

指　标	母猪	育肥猪	仔猪	其他
同群数 *				
发病数 **				
死亡数				
扑杀数				
感染/发病户数				

注：* 同群数是指与发病动物密切接触的动物数。

　　** 发病数是指出现临床症状或实验室检测为阳性的动物数。

（2）发病过程（可另加页）

自发现之日起	新发病数（头）	新病死数（头）
第 1 日		
第 2 日		
第 3 日		
第 4 日		
第 5 日		
第 6 日		
第 7 日		
第 8 日		

（3）周边野生动物感染死亡情况

种类	死亡数	发病数

（4）病畜临床表现及剖检病变

□呆立流涎 □跛行 □颊/舌头有溃疡；□唇部 □舌面 □齿龈 □鼻镜 □蹄踵 □蹄叉 □乳房等部位出现水泡；□死亡幼畜骨骼肌、心肌表面出现灰白色条纹；
□耳部、口鼻部、后躯及股内侧皮肤发红、淤血、出血斑、丘疹；□肾脏呈土黄色，表面可见针尖至小米粒大出血点斑；□皮下、扁桃体、心脏、膀胱、肝脏和肠道均可见出血点和出血斑；
□呼吸道症状
其他症状：
过去两年是否有类似症状发病情况：□是 □否
根据临床表现和病理变化，您怀疑是何种疫病？＿＿＿＿＿＿＿。

（5）采样检测情况

样品类型	采样时间	采样人	送往地点①	寄送方式②	检测结果
水泡皮					
咽喉拭子					
口鼻拭子					
心肌组织					
肺脏					
淋巴结					
扁桃体					
血样					
其他					

注：①A. 市疫控中心兽医实验室；B. 区县兽医实验室；
②A 冷冻；B. 冷藏；C. 常温。

（6）疫点地理特征

请注明疫点所在地的地理环境特点，如靠近山脉、河流、公路等。如已封锁，请标注封锁范围和时间。

（7）其他信息

如有其他信息，如疫点所在地口蹄疫疫病史、当地养殖特点（如本地区养殖区域分布、活畜及其产品主要来源地及销售地等）、风俗习惯（不食用病死畜禽等）等，请填写。

3. 疫源追溯

追溯期为 1 个最大潜伏期，即从发现第一例病例向前追溯 1 个最大潜伏期（默认为发病前 21 天），对所有调入疫点的畜群/畜产品，及与疫点接触的畜/人进行追溯调查。

可能来源途径调查	日期	详细信息
饲料和饮水		
购买或引进家畜		
本场/户人员到过其他养殖场/户或活畜交易市场		
家畜配种		
放养		
是否饲喂泔水		
兽医/商贩/其他从事动物饲养人员等外来人员到过本场/户		
有外来交通车辆到过本场/户		
与野生动物接触过		
人员打猎/曾与野生动物接触		

4. 疫源追踪

对第一例病例发生前一个最大潜伏期（默认为发病前 21 天）至封锁之日，所有从疫点出售、调出的畜群/畜产品，及与疫点畜群接触的畜/人进行追踪调查。

可能事件调查	日期	详细信息
出售/赠送家畜		
配种		
参加展览/活动		
放养		
与野生动物接触过		
饲养人员探亲/串门		
兽医诊疗		

5. 控制措施

疫区内处置情况（封锁、扑杀、消毒等情况）	
受威胁区处置情况（存栏、免疫等情况）	
其他	

填表人：　　　　　　　　　　　联系电话：
调查组长：　　　　　　　　　　被调查单位（签章处）：

六、屠宰环节防控

2019年，万州区关闭65个城乡生猪屠宰场，整合资源，统一设置1个生猪屠宰场分2个厂区生产（即重庆市万州蓝希络食品有限公司生猪屠宰场和重庆市万州区鑫申宝食品有限公司生猪屠宰场）。区农业农村委对辖区内2个生猪屠宰厂区派驻官方兽医，全面落实入厂生猪查证验物制度、各环节每日清洗消毒制度（含运猪车辆、待宰圈、赶猪通道、屠宰车间、内脏整理车间、冷库等）、无害化处理制度、非洲猪瘟"批批检、全覆盖"采样检测制度、生猪及其产品检疫检验制度、异常生猪隔离制度等，并督促企业做好屠宰场内及周边防鸟防鼠防蚊蝇、粪污无害化处理等工作。

严格畜禽屠宰企业的管理，监督企业落实非洲猪瘟批批检制度，每季度按照要求对企业非洲猪瘟自检抽样复检，未检出非洲猪瘟病原阳性，2020—2023年区动物疫病预防控制中心对两个屠宰场开展非洲猪瘟盲样比对，要求企业使用国家规定的检测试剂并发出整改通知。

七、流通监管

（一）养殖环节的监管

指导并监督乡镇农业服务中心的官方兽医、村级防疫员按照网格化监管要求，对辖区生猪养殖场（户）开展非洲猪瘟排查。重点核查生猪养殖场自繁自养、生猪调入、出栏申报和检疫、死淘和无害化处理、用药用料、免疫消毒、疫病采样检测、粪污无害化处理、疾病诊疗、入场人员和车辆控制、防鸟防鼠防蚊蝇情况等。

（二）检疫环节的监管

严格执行动物检疫申报制度：对于畜禽养殖场（户）申报检疫的，严格核实养殖场（户）养殖信息真实性；对于畜禽收购贩运单位和个人代为申报检疫的，严格查验其信息登记情况、养殖场（户）检疫申报委托书及申报材料，确保真实性。目前万州区正在运行重庆智慧动监系统，对官方兽医、屠宰场人员、养殖场业主、贩运户等进行宣传培训监督工作。

（三）生猪及其产品调运监管

区内设置重庆市万利高速公路龙驹动物卫生监督检查站（省际间检查站）1个，辖区周边设置高峰检查站1个（县域间检查站），确保关键卡口不留空档；2019年3月，经区重大动物疫病指挥部批准，在万州周边与石柱湖北利川相连的万州区走马、恒合、普子等设7个临时消毒检查站，严防输入疫情；区农业综合行政执法支队结合农机监理联合执法，在各乡镇建立"农机＋非洲猪瘟防控"临时联合检查站，在日常工作中发现可疑车辆时及时通知区动防部并协助开展相关处置工作，构筑坚固的防外疫情传入屏障。区农业农村委对辖区内的生猪运输车辆备案，专车运猪全覆盖，截至目前，万州区生猪运输车辆备案242辆。

（四）监督执法

联合市场监管、商务等部门对生产、加工和销售生猪产品场所进行监督检查，打击非法销售未经检疫的白板肉。并对涉及产品进行无害化处理，保障了万州区清净无疫。联合市政、农业执法等部门加强餐厨废弃物收集、运输和处理的监督管理，严防餐厨废弃物流入养殖环节，在市内率先建立餐厨废弃物收集运输处置的硬件设施和管理体系。联合公安、交通等部门在省道等重点路口进行联合执法，实行有奖举报打击违规调运再饲养生猪，2020—2023年全区共受理社会群众举报40余例，区农业执法查证处置来自本区龙驹、巫溪、云阳、梁平等地仔猪贩子30余人次，均按照规定处罚，并对违规调运染疫猪进行扑杀及无害化处理，共扑杀处理300余头。

（五）大排查大消杀

从 2019 年来，全区按照属地管理，分片包村到场实行网格化管理，开展大排查、大清洗、大消杀。各基层官方兽医在业务工作中利用现代通信多形式开展养殖场户的巡查、监管指导消杀，并且实行非洲猪瘟日报制。农村散养户畜禽圈舍消毒基本全覆盖，车辆洗消到位，有效切断病毒传播途径。

八、无疫小区建设

习近平总书记在中共中央政治局就加强我国生物安全建设进行第三十三次集体学习时发表重要讲话，强调要实行积极防御、主动治理，坚持人病兽防、关口前移，从源头前端阻断人兽共患病的传播路径。同时，《动物防疫法》中强调动物防疫要实行预防为主，预防与控制、净化、消灭相结合的方针。万州区积极响应国家对动物疫病净化、消灭的号召，着力建设生物安全模式，推进万州区动物疫病净化和无疫工作。2021 年 6 月 15 日，重庆万州德康农牧科技有限公司向万州区农业农村委提出建设重庆万州德康农牧科技有限公司无非洲猪瘟小区申请。6 月 25 日，万州区农业农村委向重庆市农委提出关于申请"无非洲猪瘟小区"建设的请示；6 月 29 日，重庆市农委对请示批复同意；9 月 27 日，万州区农业农村委向市农委提出无非洲猪瘟小区省级评估的请示；12 月 2 日，通过省级专家现场评估；12 月 23 日，完成省级评估整改项目；2022 年 10 月 25 日，重庆万州德康农牧科技有限公司柱山种猪场顺利通过国家级非洲猪瘟无疫小区现场评估；2023 年 2 月 4 日，成为国家非洲猪瘟无疫小区（中华人民共和国农业农村部公告 第 646 号）。重庆万州德康农牧科技有限公司打响了全区动物疫病净化工作的第一枪，起到了模范带头作用。国家级无疫小区建设成功，无疑对全区其他规模养殖场起到了激励的作用。对企业来说，不仅可以提升养殖场动物疫病防控能力和生物安全管理水平，还可以提高生产性能和经济效益，更能增强养殖企业在畜禽及其产品贸易、市场竞争力等方面的优势。

2022年4月19日，重庆万州德康农牧科技有限公司提交柱山祖代猪场创建省级猪伪狂犬病净化场申报书。5月12日，重庆万州德康农牧科技有限公司柱山祖代猪场创建猪伪狂犬病净化场通过省级现场评估。5月25日，重庆市农业农村委员会办公室公布重庆市第二批"省级动物疫病净化场"名单（含重庆万州德康农牧科技有限公司柱山种猪场）。5月30日，重庆万州德康农牧科技有限公司提交国家级猪伪狂犬病净化场申报书。9月6日，重庆万州德康农牧科技有限公司柱山祖代猪场创建猪伪狂犬病净化场通过国家级现场评估。11月7日，顺利通过评估成为国家级动物疫病净化场（农办牧〔2022〕29号）。目前形势来看，动物疫病防不胜防，万州德康柱山种猪场猪伪狂犬净化场的建设成功，是给众多基层动物防疫工作者的一剂强心针，为今后的防疫、疫病净化工作打下了坚实的基础。

 第二节　生猪养殖场生物安全模式解析

2018年以来，非洲猪瘟防控压力一直威胁着万州生猪产业，辖区内头部企业、中小规模养殖场和家庭农场不同程度地提升了猪场生物安全水平，从生物安全软硬件提升、生物安全团队建设以及人、车、物流的管控等方面着手，有效应对非洲猪瘟的防控。

一、生物安全管理组织

头部企业成立了防"非"生物安全管理小组，重庆万州德康农牧科技有限公司总经理为组长，副总经理为副组长，公司各部门所有员工为组员，树立全员防非意识。2020年7月，成立了生物安全工作小组，公司总经理为组长，副总经理及相关部门负责人为副组长，公司其余员工为组员。

各代养场、家庭农场均建立了生物安全小组，由场长任组长，副场长及各生产区负责人为副组长，场内全体职工为组员。

(一)小组职责

生物安全管理小组负责生物安全计划的制订和实施；收集、分析养殖场等不同生产单元及流通运输环节非洲猪瘟等生猪疫病的流行病学因素，并及时制定相应的预防措施，不断完善生物安全计划；组织分配公司防疫资源和物资；监督各生产单元对生物安全措施的实施情况，定期开展相关法律法规和《生物安全管理手册》培训；每年定期进行内审，确保生物安全计划的有效实施。对兽医定期开展生物安全培训，并组织测试。

(二)培训考试

各场根据实际情况定期开展培训。为了减少场内人员的流动，采取场内和场外两种培训方式，场内由各场场长负责，场外由生物安全部负责。每次培训后组织考试，考试成绩与工资绩效挂钩。

(三)工作要求

按照"广排查、早发现、快反应、严处置、全根除"的要求，强化全面排查巡查，强化生物安全措施、强化联防联控、强化宣传引导。小组各成员负责跟踪、落实各项措施；一旦发现异常情况，要立即向生物安全管理小组组长汇报。

二、生物安全级别划分及规划布局

(一)猪场生物安全等级划分

猪场按照内部生物安全防控级别及功能差异，应用物理隔断分成不同区域，并根据风向合理布局，实行严格的分区管理。不同区域生物安全级别从低到高顺序为：场外＜无害化处理区＜隔离区＜生活区＜生产区。

(二)猪场各栋舍生物安全级别

各栋舍生物安全级别从高到低顺序为：分娩舍＞配怀舍＞育成舍＞隔离舍＞无害化处理区。

（三）规划布局

猪场严格区分净道、污道，区分净区、污区：进场物资、人员、净区车辆通道为净道；出场的猪只、猪粪、垃圾、车辆等通道为污道。净道污道、净区污区严格分离不交叉，设置物理隔断作为区分。按照场内不同污染级别划分净区和污区，不同区域之间设置围栏，未经允许，不得跨越。

三、硬件设施配置

（一）建立防控屏障

防控屏障主要包含地理屏障、人工屏障和缓冲区（图6-2）。在选址和养殖场建设过程中均需考虑和充分运用地理屏障优势，代养场和家庭农场绝大多数有天然的地理屏障，能较好地设置哨卡，能实现单向通道，生物安全等级较高。场内各生产单元建有围墙并配备消毒设备设施，养殖场生活区、生产区有效隔离并通过消毒通道连接，所有猪舍均为密闭式结构。猪场将其周边3 km范围内设置为缓冲区，且有一条净道和一条污道可以出入，能够起到很好的缓冲作用。生物安全管理小组每月对缓冲区实行巡查，对缓冲区内的每一户人家、每一条乡间道路都实行细查，对周边道路进行消毒。

图6-2 生产区外围设置的警示标语和门闸

（二）围墙

外围墙须为实体，围墙高度2.5 m以上（危险区域在此基础上再增加1m高彩钢）（图6-3），顶端嵌入玻璃碎片防止人员翻越，围墙完整无漏洞。场内生产区圈舍边需有砖墙或实心彩钢瓦与猪场其他区域隔断（图6-4）。无害化、环保处理区需用砖墙或实心彩钢瓦与猪场其他区域隔断，做到相对独立。

图6-3　猪场实体围墙

图6-4　场内生产区外墙

（三）大门

猪场进、出口应设置不锈钢、铝合金等易消毒的实心材料的大门（图6-5），安装与地面无缝隙，防止猫狗进入，门边应设置门槛或规划位置高于场外部，防止场外积水倒灌进场。大门上锁封闭，设置门卫。

图6-5　实体门

（四）料塔

养殖场使用高效、自动化的饲料储存与供给方式的料塔系统，通过设置散装料车与料塔相结合的运输及供料模式，禁止饲料车直接进场，可以显著提升饲料管理效率，减少污染和疾病传播的风险（图6-6）。

图6-6　散装料场外输料

（五）出猪台

出猪台是将猪从一地转运至另一地时，用运输车辆转移时用到的设备或平台（图6-7）。它通常设计用于快速、安全地将猪装上车和卸下，在猪场的生物安全体系中，出猪台设施是仅次于场址的重要生物安全设施，也是直接与外界接触交叉的敏感区域。出猪台设置在场区边缘，离生产区50～100 m，禁止使用木质结构，以地磅为界限，划线区分净区、灰区、污区。净区、灰区和污区设置独立排水口，灰区和污区冲洗污水不能倒流回净区。

图 6-7　配备垂直升降平台的出猪台

（六）物资消毒间

猪场大门口设立 2 个物资消毒间（图 6-8）。设计为进、出各 1 道门的单向通道，用物理隔断区分污区、净区（可用镂空货架 U 形摆放作为隔断）。生活和生产物资独立消毒。消毒设备包括臭氧机（半小时内浓度达到 60 mg/m³ 以上，设备功率按 120～180 mg/m³ 规划）、湿度 70% 以上（不达标的配置加湿器）、空气臭氧浓度检测仪、高温设备（100℃以上高温烤箱、热风炮）、紫外灯、镂空货架、温湿度计、风扇（安装在臭氧消毒间顶部）、采样箱（棉签、生理盐水、EP 管、一次性塑料手套、自封袋、标签纸、签字笔）、洗手盆、卫可、毛巾、剪刀或壁纸刀、消毒记录本等。设立地点为场外进出隔离区、隔离区进出生活区、生活区进出生产区。

图 6-8 物资熏蒸消毒间

（七）人员洗消间

进、出各一道门的单向通道，物理隔断区分污区、净区。要求所有人员进出必须经过人员消毒通道，用洗发露和沐浴露洗头洗澡，时间不低于 5 min（图 6-9，图 6-10）。设施设备为洗浴设施、保暖设施、衣柜、鞋架、洗衣机、烘干机。设立地点为场外进出隔离区、隔离区进出生活区、生活区进出生产区、出猪台洗澡间、无害化处理区人员洗澡间。

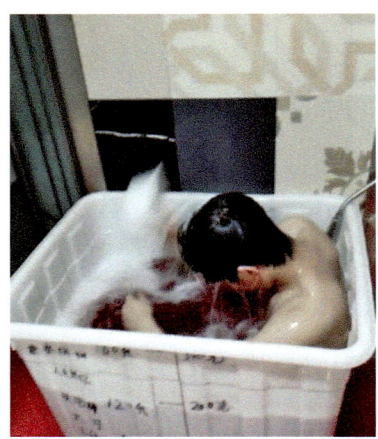

图 6-9 人员消毒通道　　图 6-10 入场药物泡澡

（八）车辆消毒间

设立车辆消毒通道，对所需到场车辆进行清洗、消毒（图6-11，图6-12）。设备包括高压清洗机（13 MPa以上，带发泡装置）、三相电、泡沫清洁剂（强渗、全清、博灭克等）、消毒剂（卫可、安灭杀、格利特）、热水设备（能提供50～60 ℃热水）、喷壶、刻度量杯（1 L）、刻度水桶（100 L）、电子秤（1 kg）、毛巾、防护口罩、雨衣、橡胶手套、绝缘雨靴、记录表、笔、手电筒。设立地点为猪场大门口，通水电、密闭，污水接入管网系统；出猪台（场外端）消毒点，通水，三相电，污水接入管网系统；在场区边缘出猪台附近（场内端）或生产区其他合适地点修建车辆洗消、熏蒸消毒棚。功能为清洗、喷淋喷雾消毒、密闭熏蒸消毒，用于场内活猪转运车、工具转运车等洗消，通水电、密闭，污水接入管网系统；在无害化处理区死猪胎衣垃圾等交接处合适位置修建车辆洗消、熏蒸消毒棚，功能为清洗、喷淋喷雾消毒、密闭熏蒸消毒，用于场内死猪、胎衣、垃圾转运车等洗消，通水电、密闭，污水接入管网系统。

图6-11　车辆洗消间泡沫清洁

图6-12　车辆喷雾消毒

（九）水源净化消毒设备

猪场根据用水量装备德国巴斯夫超滤设备为主，新建场投产前完成安装，按厂家要求定期维护。猪场需同时安装德国巴斯夫超滤设备和氯制剂消毒设备（图6-13，图6-14）。巴斯夫超滤设备正常运行的猪场，氯制剂药物添加量为净水池中的水（消毒过后的水）余氯含量0.5～0.7 mg/L；巴斯夫设备损坏或不能正常运行的场，氯制剂消毒药物添加量为净水池中的水（消毒过后的水）余氯含量1～1.5 mg/L。待巴斯夫超滤设备正常启用后，恢复余氯含量0.5～0.7 mg/L 每周用试剂盒检测一次余氯含量。部分猪场选配高效的紫外饮水杀菌系统或臭氧消毒系统。

图6-13　紫外消毒系统

图6-14　臭氧消毒系统

（十）场内无害化处理设备

转运通道：场内垃圾、死猪、胎衣等需通过专用污道、传递窗口、交接平台等转运，修建无害化处理转运通道及交接平台、传递窗口等工程设施（图6-15，图6-16）。设施设备：死猪、胎衣等需场内自行处理，按国家环保法及无害化处理相关法律配置无害化处理设施，禁止第三方无害化处理机构到场回收死猪及胎衣。

图6-15　病死猪暂存冷冻库

图6-16　病死猪无害化处理设备

（十一）监控设备

在生猪入场、出场等关键点位及各生物安全风险点安装监控设备（图6-17），实行全方位实时监控，并通过大门门禁系统自动抓拍，接入相关数据平台分析汇总，实现养殖场日常生产和防疫监督信息化管理。

图6-17　场内监控系统

（十二）防鸟防蚊蝇设施

生猪养殖场在防鸟和防蚊蝇方面需要采取一系列有效的设施和措施，以确保猪群的健康和生产安全。防鸟设施包括安装隔离防护网、加装驱鸟器（图6-18，图6-19）、反光彩带、合理选择种植物、加强日常巡查等。防蚊蝇设施包括物理隔离设施、保持环境清洁与卫生、利用光色诱杀、灭蚊灯、苍蝇贴等设备，利用物理或化学方法杀灭蚊蝇。灭蚊灯应悬挂在适当的高度，并保持一定的安装密度；苍蝇贴应定期更换，以保持其效果。

图6-18　圈舍屋顶声光驱鸟装置　　　　图6-19　料仓上红外驱鸟装置

四、场内分区管理

（一）隔离区

（1）进场所有人员、物资、车辆在此区域内接受检查和清洁消毒，由场长指定人员负责监督落实，并做好《人员进出记录表》《车辆进出记录表》《消毒液更换记录表》等表格登记。

（2）所有人员必须在此区域内隔离1天后进入生活区。

（3）消毒通道由指定人员负责物品消毒和环境消毒工作，不准任何个人自行进出物资消毒通道随意放取物品。

（4）场长指定专人对隔离区公用床上用品、衣服及鞋子等进行清洗、消毒，供下次隔离人员使用。

（5）场长指定专人进行区域内日常卫生工作，负责此区域消毒，定期对室内外、道路、大环境进行大清洁、消毒、除草、灭鼠、灭蚊蝇等工作。

（6）隔离区使用1次后，立即对道路、隔离宿舍彻底消毒1次；隔离区无人进入时，对道路和宿舍每周1次消毒。

（二）生活区

（1）休假回场人员需要在生活区隔离至少1天后，才能进生产区。

（2）公司统一配置员工所需的衣物（内衣裤、外衣、鞋袜等）、所有日常生活用品。

（3）生活区物资库房必须加装臭氧及紫外消毒设备，每天消毒2 h以上。

（4）进生活区，眼镜等物品一并随人员洗澡清洁，再用酒精擦拭后带入；其他物品收集于镂空提篮内，将提篮置于镂空货架上，熏蒸消毒4 h后带入。物资消毒做到批次全进全出，物资熏蒸消毒房不能当作存储室使用，消毒完毕后立即将物资清空，对消毒房消毒，做好消毒记录。

（5）生活区主干道每周消毒1次；宿舍、办公室室内、走廊等，每周固定时间清理卫生并消毒1次。

（6）人员消毒通道、物资消毒通道严格区分污区、净区，并划线标识或物理隔断，张贴消毒流程看板。

（三）生产区

（1）人员消毒通道、物资消毒通道严格区分污区、净区，并划线标识或物理隔断。生产区内做到分生产线、分工段管理，不同生产线、不同工段之间的人员不交叉；舍内与舍外人员分开，水电工与胎衣、死猪运输人员分开管理；各区域服装、水鞋、工具等进行颜色、样式区分。张贴消毒流程看板，生产区和生活区有围墙隔断，无害化处理区有隔离设施或警示标识，主生产线与隔离舍有隔离设施或警示标识。

（2）生产线内部做到人员固定区域，猪场需要招聘足够人员。分娩舍：每人固定2~3个舍，人员进出猪舍必须洗手、换水鞋并踩脚踏盆消毒，猪舍门口必须有脚踏消毒盆及舍内水鞋放置处；根据哺乳时间把猪舍分为临产7天、7~14天、14~21天3个阶段，每个阶段人员相对固定不交叉；配怀舍：人员分成前、中、后期，根据实际猪群存栏数量进行分配，每名员工2~3个舍，所有猪舍门口必须有脚踏消毒盆；猪群上产床、转猪、断奶等集体工作，需要保证每次进出猪舍必须洗手、佩戴一次性手套、换水鞋并踩脚踏盆消毒；隔离舍与配怀舍人员分开不交叉；配怀舍到分娩舍划为一个栋舍（如配怀舍）单独管理，配怀舍和分娩舍人员工作区域不交叉；选育场根据保育、育成阶段，每名员工固定3~4个舍，在卖猪、转猪等集体工作，需要保证每次进出猪舍洗手、佩戴一次性手套、换水鞋并踩脚踏盆消毒。

（3）生产技术人员严格按照防疫消毒流程进出生产区。后勤、环保人员出入生产区严格执行消毒防疫制度，固定活动区域。所有人员禁止带入除眼镜以外的一切私人物品（包括首饰）进入生产区，生产区通信工具由猪场统一配置。生产区的衣服、鞋子按要求做好分颜色管理。各工段人员错峰上下班，人员不交叉。后勤人员上下班必须有独立的洗澡消毒间，衣服定点清洗，先用1∶200卫可在大桶里浸泡30 min以上后进行清洗，避免后勤人员因猪舍外围区域操作后对外围及生活区域造成交叉污染。

（4）目前猪舍外围无后勤人员统一洗澡消毒通道的，可以选择合适位置进行改建或者电工使用彩钢瓦进行修建，洗澡消毒通道需要设立在后勤人员进入生产线区域的主干道旁边。环保人员与水电工及其他后勤人员限制活动区域，猪舍周边每天安排人员进行一次消毒。

（5）生产区消毒要求为每周1次石灰乳白化消毒（也可用3%烧碱、1∶150戊二醛或卫可），如遇下雨天，补充1次消毒，合适区域张贴消毒流程看板。生活区到生产区道路、生产区主干道每周1次石灰乳白化消毒（也可用3%烧碱、1∶150戊二醛或卫可）。猪只、死猪等转运后立即对道路及作业区域清洗、消毒（图6-20，图6-21）。

图6-20　生产外围白化消毒　　　　图6-21　病死猪转运车暴晒静置

（6）各栋猪舍门口脚踏消毒盆里放置消毒液，用量淹没至筒靴脚背以上，每天更换消毒液（图6-22，图6-23）。（消毒剂用烧碱、戊二醛、卫可等高效消毒剂，禁止使用低效消毒剂）。

 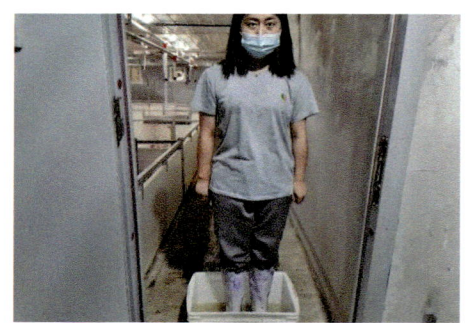

图6-22　圈舍门口脚踏、洗手消毒　　　图6-23　不同单元进出口脚踏消毒

（7）所有猪场更衣室单向流动，严格做到分区管理，衣物不交叉，人员洗澡换衣单向流动，毛巾只能在净区或花洒处使用。猪场每天安排人员对更衣室进行一次彻底清洁消毒，每周进行一次彻底清洁与消毒。更衣室

内部需要准备足够衣物浸泡消毒桶，外衣、内衣、袜子分开浸泡，每天对衣物进行彻底浸泡消毒后清洗（图6-24）。

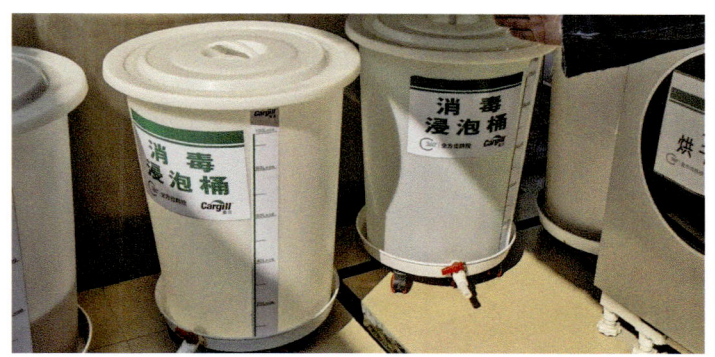

图6-24　衣物浸泡消毒桶

（8）对猪只健康状况进行临床检查与监控，如有重大疫情（流行性腹泻、母猪流产、猪丹毒、疑似蓝耳病、口蹄疫等），按重大疫病上报流程及时上报。

（四）无害化处理区

（1）此区域为场内生物安全级别最低的区域。此区域工作人员需住宿在该区域内，与其他区域工作人员不交叉，与其他区域工作衔接如接送饭菜、交接转运垃圾等，应通过专用通道和传递窗口进行。

（2）人员每次转运死猪、胎衣、垃圾后，对经过道路用3%烧碱、1∶150浓戊二醛或2.3%氯制剂消毒，对作业场地和无害化处理区域用3%烧碱或3%烧碱+5%石灰乳消毒。平时每周2次对道路和无害化处理区域消毒。

（3）对每次使用后的车辆，按洗消流程进行清洗、喷淋消毒、熏蒸消毒。

五、人员管理

（一）进场要求

（1）封场管理。严格执行封场制度和入场流程，禁止外来人员入场。

每个月控制出场人员休假次数，采用批次休假，批次回场。进出场审批：所有入场的工作人员须经公司生物安全部负责人审核、准入，报片区生物安全处（技术部）备案。

（2）进入种场的人员需提前在公司指定隔离点洗消、换衣鞋、隔离、采样检测，检测合格后才能到场。

（3）严禁携带除小件物品以外的其他物品入场。小件物品包括眼镜、手机（手机壳不能带入）、钥匙、配饰、电脑（包或袋不能带入）、个人药品，猪场严禁接收快递包裹。

（4）所有人员严禁携带猪、牛、羊等偶蹄类动物鲜肉、腊肉、烟熏肉、肉干、火腿肠（一切类型的火腿肠）、饺子等肉制品。

（5）员工禁止留长指甲，不超过1 mm，指甲内不能有污垢。男员工禁止留长头发，提倡女员工留短发，不能戴假发。

（6）员工休假期间不得进入屠宰场、其他猪场、动物无害化处理场所等。员工回家休假期间不购买猪肉制品。

（二）洗消隔离规范

（1）定点隔离。进场人员前一天在公司隔离点洗消、脱掉私人衣服及鞋、洗净烘干，存放在隔离点，穿公司工作服及鞋，隔离，采样，检测合格后由隔离点工作人员开具证明，生物安全部审核，专人专车接送到场。

（2）猪场大门口。门卫检查进场准入证明，接收小件物品消毒处理；眼镜一并随人员洗澡清洁，再用酒精擦拭后带入；其他物品（手机去壳，电脑去袋或包装）先用卫可全面擦拭消毒，再收集于镂空提篮内，置于镂空货架上，熏蒸消毒4 h。

（3）人员消毒通道进门处。脱鞋、将鞋子套袋密封、置于脏区鞋架或鞋柜。

（4）脱衣。脱掉全身衣服，放入脏区桶中，戊二醛或卫可消毒液浸泡1 h，门卫洗净，烘干，放隔离区衣柜保存（供出场时穿）。或直接打包存放于脏区封闭式衣柜中。

（5）洗浴。人员洗手消毒，光脚跨过区分污区和沐浴间的隔断，进入淋浴间洗，洗浴时间不低于5 min。

（6）更衣。洗浴后进入内部（净区）更衣室，穿上猪场提供的衣服和鞋，门卫检查洗澡情况，做全入场记录登记。

（7）门卫对浴室脏区地面、鞋架、隔断等用卫可喷雾消毒。按时将消毒液浸泡好的私人衣服洗净、烘干，保存。晚上开启紫外灯消毒。人员按指定路线进入隔离区：在隔离区隔离1天后进生活区。

（三）出场要求

（1）出场时先进入净区更衣室，脱去场内衣服、鞋袜，放在指定的篮子或消毒桶以备清洗。门卫将衣服洗好烘干叠好置于指定衣柜。

（2）脚进入脏区，更换衣服和鞋出场，做全出场记录登记。由公司专人专车接送到物资存放点。

（四）进生产区要求

（1）人员必须按要求在隔离区和生活区隔离后才能进入生产区。隔离区隔离1天后进入生活区，生活区隔离1天后才能进入生产区。进入生产区前，手机放入统一位置存放，并检查指甲。

（2）进入人员消毒通道（污区）更衣室。不能携带任何物品，脱掉全部衣服、内衣裤和鞋子，存放于个人衣柜或悬挂于个人专用挂钩；眼镜一并随人员洗澡清洁再用消毒水擦拭后带入。

（3）入淋浴室洗浴。全身彻底清洗干净，特别是头发，洗浴时间不低于 5 min。场内派人轮流值班，监督人员洗澡洗头、检查是否携带私人物品。

（4）洗浴后，进入净区更衣室，更换生产区工作服、鞋，按指定路线进入生产区。

（五）出生产区操作

（1）人员离开生产区时，脱掉生产区工作鞋，将鞋表面和鞋底部清洗干净后放在鞋架上。工作人员每天对鞋及放鞋区喷雾消毒。

（2）进入净区更衣室，脱去生产区工作服，放在指定的篮子或消毒桶备洗，后勤人员每天定期清洗衣服。

（3）进入淋浴室洗浴。对头发、全身彻底清洗干净。将擦拭的毛巾挂在挂钩上。

（4）进入污区更衣室，穿生活区的衣服及鞋子，返回生活区。

（5）后勤人员每天打扫浴室卫生并喷雾消毒一次，晚上开启紫外灯消毒。每天下班后收集桶中的衣服，清洗、烘干、保存。

六、饲料管理

（一）入场

（1）散装料车按流程洗消，采样检测合格后到达猪场大门口再次消毒，打料到中转料塔，通过中转料塔输送到猪舍（图6-25）。

图6-25　场内中转料仓

（2）袋装饲料入场。饲料车按流程洗消，采样检测合格后到达猪场大门口再次消毒后卸料，饲料车不能进场，可在猪场大门口安装传送带将饲料传入场内，或使用吊车、三轮车中转到场内。大门口有汽车消毒通道的，可在通道内垫上垫板或安装镂空货架，将袋装料置于镂空货架上，熏蒸消毒4 h，隔离过夜（也可在物资库房熏蒸消毒），次日转入库房，转入库房后用臭氧（浓度60 mg/m³以上）熏蒸消毒8～12 h。熏蒸不到的死角部位，用卫可或戊二醛擦拭消毒。

（二）进仓

（1）库管员对进入库房的饲料进行验收。检查饲料品种数量是否与饲料计划及饲料厂开具的《饲料调拨单》相符；检查包装破损情况、运输过程有无雨淋受潮现象；检查《饲料调拨单》上的生产日期是否合理。

（2）库管员验收饲料合格后即可入库，并做好饲料进仓记录。

（3）如饲料品种和数量与计划不符、饲料质量验收不合格，库管员应及时与饲料车司机、饲料厂对应联系人沟通，如沟通后无法解决，当天汇报给场长。如不合格饲料需暂放在仓库，应设置不合格品区进行放置，以免误发到生产线使用。

（三）存储管理

（1）仓库、生产线料房要牢固安全，不漏雨、不渗水。要建立安全保护措施，防潮、防鼠、防虫、防鸟。

（2）仓库内不准堆放易燃、易爆、易腐蚀、有毒有害等与饲料无关的物资。

（3）仓库饲料防潮措施。地面铺沥青纸或彩条布、墙壁贴彩条布，饲料堆放时需离墙体距离 15～40 cm。

（4）生产线饲料防潮措施。地板放垫板或彩条布，墙壁贴彩条布或薄膜纸，生产线料车内未用完的饲料应用饲料袋覆盖。

（5）库管员每天对库存饲料进行巡查，检查饲料有无受潮、发霉、变质、损坏、过期等情况，如有则放到不合格区，当月进行饲料报损。

（6）库管人员每天检查饲料储存环境，仓库的温度、湿度等，保持仓库内干燥、通风、清洁卫生，仓外 2 m 范围内无垃圾、无杂草、无积水。观察仓库内温度如果达到 30℃以上，应开风扇通风降温，风扇每停 30 min 开 1 h（或者在库房内按照空调保存舍内温度控制在 30℃以内）。

（7）饲料保质期。仔细检查每批饲料的保质期。

（8）生产线饲料存储。生产线料房饲料应该分类摆放、先进先用，针对不同批次饲料做好领用日期标记。每天检查有无受潮、发霉、变质等情况。每次打开饲料包装后，将生产日期标签单独保存备查。做好饲料质量跟踪，并及时向场长反馈信息。

（9）袋装饲料在猪场第一道大门物资消毒通道或垫有垫板的汽车消毒通道，熏蒸消毒 4 h 以上，第二天转入饲料库房，饲料库房臭氧熏蒸消毒

8～12 h 以上（臭氧浓度 60 mg/m³，湿度 70% 以上，温度 20℃）使用，熏蒸消毒存在死角的，应在卸货时用消毒水擦拭一遍外包装。

七、水源管理

（一）设备安装要求

种猪场水源消毒需安装德国巴斯夫超滤设备（物理过滤法）和氯制剂消毒设备（化学消毒法，如美国龙沙消毒设备）。

（二）消毒标准

每个猪场需同时安装德国巴斯夫超滤设备和氯制剂消毒设备。巴斯夫超滤设备正常运行的猪场，氯制剂药物添加量为净水池中的水（消毒过后的水）余氯含量 0.5～0.7 mg/L。巴斯夫设备损坏或不能正常运行的场，氯制剂消毒药物添加量为净水池中的水（消毒过的水）余氯含量 1～1.5 mg/L，待巴斯夫超滤设备正常启用后，余氯含量恢复 0.5～0.7 mg/L。每周用试剂盒检测一次余氯含量。

八、物资管理

进场物资采用批次采购、批次配送，尽量降低配送频次。

（一）一般物资

在猪场大门口物资经消毒通道一进行臭氧熏蒸+紫外线消毒 4 h 以上后（能高温或浸泡消毒的物资可增加高温或浸泡消毒），再转入物资消毒通道二熏蒸消毒 4 h 以上，生活区物资转入库房保存；生产区物资还需转入物资消毒通道三，熏蒸消毒 4 h 以上，再转入库房保存。每周至少 1 次用空气臭氧浓度检测仪测定熏蒸间的臭氧浓度。

（二）厨房食材

蔬菜水果在物资消毒通道熏蒸消毒后进场；肉类转入库房保存；熟饭

菜用场内准备的消毒好的餐具接收,由场外送饭人员在不接触场内餐具的情况下将饭菜倒入场内餐具中,高温消毒后食用。

(三)疫苗

在猪场大门口,门卫去除外包装箱,内包装用卫可擦拭或喷雾消毒,消毒后停留 15 min,再将疫苗转入库房保存。外包装箱立即无害化处理或放入熏蒸室消毒 4 h 以上处理。

(四)精液

在猪场大门口,门卫对外包装喷雾消毒,去掉塑料包装袋,将泡沫箱熏蒸消毒 2 h(不开紫外线),从泡沫箱中取出精液,放入猪场准备的消毒好的泡沫箱。将精液泡沫箱转运至生产区物资消毒通道门口,从泡沫箱中取出精液,去除薄膜袋,放入经彻底消毒的生产区泡沫箱,送往精液实验室。

(五)兽医器械管理

1. 免疫、保健、治疗注射针头使用

种母猪每猪 1 针头;哺乳仔猪每窝 1 针头;保育猪、育成猪、后备猪、育肥猪每栏 1 针头;每次换吸药液时还需更换 1 次针头;病猪治疗每猪 1 针头。

2. 去势器具

去势时每窝仔猪更换 1 个刀片,使用完消毒以后才能进行下一窝仔猪操作。疝气手术使用的缝合针,持针钳和缝合线需浸泡在碘伏中消毒待用。

3. 注射器针头、针筒消毒规范

使用后的针头、针筒放入 2% 戊二醛(或其他对金属无腐蚀性的高效消毒剂)中浸泡 1 h,用洗洁精加清水清洗干净,放入水中煮沸消毒或蒸汽消毒(水垢严重的场可选用)。煮沸消毒时,将器械同水一起加入煮沸容器中,水烧开后开始计时,煮沸 15~20 min。蒸汽消毒时,将器械用干净的白布或纱布包好,放入蒸煮的容器中,水烧开后开始计时,蒸 20 min。消毒针头、针筒的同时,消毒一个盛装针头的容器(如不锈钢塑料饭盒或其他能密封的容器),用于装针头、针筒。消毒完成后的针头、针筒,装入容器中，放入烘箱中烘干，烘干后从烘箱拿出放于室温密封保存备用。

4. 体温计消毒

方法一：将用后的体温计放于消毒液（2% 戊二醛或 2.3% 氯制剂）中浸泡消毒，5 min 后取出，消毒后用清水洗净，甩下水银（35℃以下），用消毒纱布擦干，存放在清洁盒内备用；方法二：用戊二醛、卫可等消毒液擦拭干净，放入清洁盒内备用。

5. 手术缝合针、缝合线、刀片、持针钳消毒

方法一：先用洗洁精加清水清洗干净，再用 2% 戊二醛浸泡 2～10 h，最后用消毒后的清水冲洗干净、烘干、密封保存；方法二：清洗干净后，煮沸或蒸汽消毒 15～20 min，烘干、密封保存备用。

6. 托盘、方盘、针头盒消毒

2% 戊二醛浸泡 2 h，再用消毒后的清水洗净、烘干。

7. 镊子、钳子消毒

2% 戊二醛浸泡 2 h 后用清水洗净烘干备用；直接煮沸或蒸汽消毒 15～20 min，烘干备用。

8. 加药桶消毒

用清水洗净，1∶100 卫可或 2.3% 氯制剂等喷雾消毒，干燥备用。

9. 加药器

加药器用完后立即清洗干净，禁止长时间不清洗、发霉。

10. 药品推车消毒

定期用去污粉或皂粉将推车擦洗一次，再用清水清洗干净，沥干后用卫可等消毒、晾干。污染的推车先用卫可等消毒，再清洗干净，再次消毒、晾干。

11. 污物桶消毒

将桶内污物倒去，清水洗净后用过氧乙酸、戊二醛、卫可等喷雾消毒，放置 30 min 后，用清水冲洗干净备用。

（六）生产工具管理

1. 分娩舍

饲喂、清洁工具每个舍单独使用一套，工具存放在舍内，做到不交叉；

猪舍门口必须有洗手盆、脚踏消毒盆、每个猪舍配置1~2双专用水鞋，进行编号管理；每天对饲喂工具进行清理消毒，清洁工具进行消毒药浸泡消毒，对于共用走道需要做到每天至少消毒1次（氯制剂、卫可、戊二醛）。

2. 配怀舍

清洁工具（扫把、铁铲等）每条料槽使用一套，对工具进行编号管理，定点摆放，摆放位置为舍内栏舍旁边，做到不交叉。

3. 其他工段猪舍工具配备

参照配怀舍执行。

（七）生活及生产物资

不同工段、不同生产线独立使用药物、疫苗及劳保物资，不交叉。如果生产线库房较小可以进行物资统一管理，所有物资统一在生产线外进行统一消毒、分类管理，生产线只保留1周的使用量，固定生产线的物资、药物领用时间及次数。

（八）车辆管理

每次使用后的车辆（活猪转运车、工具转运车、死猪及胎衣转运车、垃圾转运车等）第一步用泡沫清洁剂清洗干净，第二步用戊二醛或卫可等喷淋消毒，最后用戊二醛或氯制剂熏蒸消毒2 h。

（九）其他

（1）自营场投产前应按标准配置完成所有的生物安全硬件设施及生产所需的硬件设施，封场后禁止一切入场的工程改造或设备安装施工，特殊情况需报备处理。

（2）场内生活区和生产区种菜的，不能使用猪粪、猪尿或污水区污水，避免粪尿中的病原污染净区土壤，后续难以消毒。可使用化肥，化肥按一般物资进场流程消毒、隔离、检测合格后使用。污水区种菜可就地使用猪粪，蔬菜须经浸泡消毒20 min后送往食堂。

九、猪群管理

（一）单元全进全出

（1）分娩舍。需要将相同分娩时间的母猪同一时间进入相同的分娩舍，同一时间断奶并离开分娩舍。

（2）保育舍。相同日龄的仔猪同一时间进入保育/育肥舍（场），同一时间转出。

（3）在猪被全部赶出猪舍后，对其进行彻底的清洗，然后再一次性把猪全部装满，以减少猪的疾病传到下批猪。

（4）猪只单向流动。到出猪台的猪严禁返回场内继续饲养。

（二）异常猪只管理

按相关制度进行异常猪只及时上报、采样检测、停止常规生产操作、停止猪群流动、人员工作区域不交叉、严格隔离等措施。

（三）出猪管理

（1）出猪台污道与人员、物资进场净道。严格区分出猪台道路与饲料、物资、人员车辆进场道路不交叉；出猪台不能与猪场前大门共用平台区域及通道。

（2）出猪台设置车辆消毒点，配制移动式高压清洗机，具备车辆喷雾消毒功能，备有出猪台专用工作服、鞋等，对前置门卫检查合格的车辆，用1∶150稀释的浓戊二醛或卫可（25℃温水配置）对车辆轮胎、底盘、车身等消毒，停留15 min以上。

（3）出猪台划分脏区、灰区、净区，有明显的标识（红线标识），确保场内人员不接触猪车，不接触外来人员（图6-26）。

（4）张贴出猪台操作流程看板。

（5）出猪完成，车辆驶离后，工作人员对作业区域、停车区域等清扫粪便及杂物，泡沫清洁剂浸润15 min，冲洗干净，自然干燥。赶猪通道用1∶150戊二醛、3%烧碱等消毒。出猪台用火焰消毒+3%烧碱消毒。外部停车区域用3%烧碱或3%烧碱+5%石灰乳等消毒。

图 6-26　出猪台划区管控

十、废弃物管理

（一）生产垃圾

生产垃圾主要指死猪、胎衣等。生产垃圾处理要做到各区域人员及工具不交叉，需遵循以下管理规定。

（1）死猪、胎衣等运输处理必须分人员分段进行，舍内和舍外人员要分开，生产线人员不能离开赶猪通道，死猪拉到赶猪通道出口指定位置，由无害化处理区人员拉走处理（图 6-27，图 6-28）。

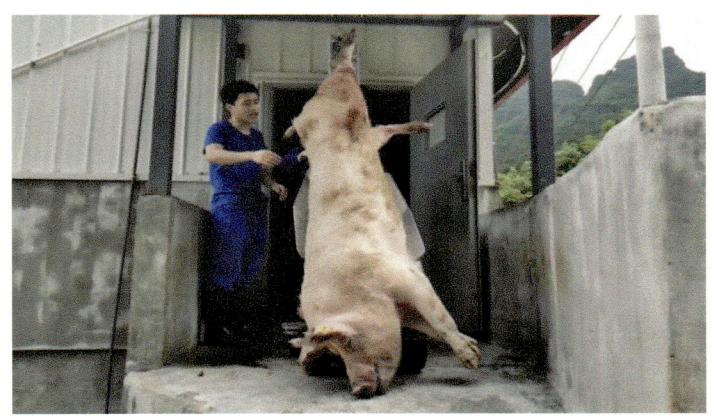

图 6-27　舍内病死大猪专人转运至门口处

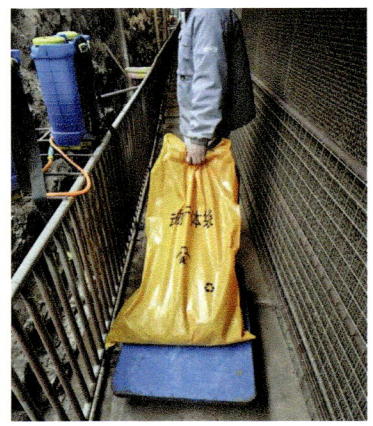

图 6-28 专人专用收集袋收集死猪、胎衣等

（2）生产线人员处理死猪时间为每天下班前，生产线完成其他工作以后方能安排人员把死猪从舍内拉出，且拉完死猪后人员直接洗澡下班，不能再返回猪舍。拉完死猪后所穿衣物需要清洗消毒，未经彻底消毒不允许继续使用。

（3）在舍内与舍外死猪交接处需要准备脚踏消毒盆、消毒工具和消毒药，每次舍内人员拉出死猪前需要对交叉点进行消毒，并踩脚踏盆消毒；返回时再次踩脚踏消毒盆，并对人员及死猪经过位置消毒。

（4）死猪胎衣车辆运输道路与其他车辆行走道路、人员上下班行走道路分开不交叉。道路无法整改的，死猪胎衣运输时间要避开人员上下班时间和其他车辆运输时间。

（5）无害化处理区人员拉走死猪时需要穿工作服，专用水鞋，并在死猪上车后对交叉点及周边范围进行再次消毒（烧碱、戊二醛），工作结束后对场地和工具消毒，人员洗澡换衣鞋，衣鞋浸泡消毒后清洗干净。

（二）死亡生猪

（1）猪场病死或死因不明的猪只及胎衣应由专人负责无害化处理。无害化措施以尽量减少损失，保护环境，不污染空气、土壤和水源为原则。

（2）当猪场的猪只发生疫病死亡时，必须坚持"五不一"处理原则：即不宰杀、不贩运、不买卖、不丢弃、不食用，进行彻底的无害化处理。

严格执行《中华人民共和国动物防疫法》。

（3）当猪场发生重大动物疫情时，除对病死动物进行无害化处理外，还应根据公司上级主管部门的决定，对同群或染疫的动物进行扑杀，并进行无害化处理。无害化处理过程必须在场部人员或上级主管部门人员的监督下进行，并进行详细的记录。无害化处理完后，必须彻底对其圈舍、用具、道路等进行消毒、防止病原传播。

（4）在无害化处理过程中及疫病流行期间要注意个人防护，防止人兽共患病传染给人。

（5）配种、妊娠、保育、育成育肥舍要设1~2个病猪治疗专用栏，及时隔离病猪，对久治不愈或无治疗价值的病猪及时淘汰或鉴定是否需无害化处理；污染过的栏舍、场地彻底消毒，手、鞋等严格消毒。

（6）病死猪处理过程必须注意消毒，发生烈性传染病的猪只处理必须由场部人员或上级主管部门人员的监督下进行，病死猪及胎衣要用专车运到无害化处理车间处理。

（7）解剖病猪在专业解剖室进行，解剖完后及时消毒，操作人员解剖后不得再进入生产线，解剖后的尸体按前述方法无害化处理。

（8）疑似某些烈性传染病禁止解剖，如非洲猪瘟、炭疽等，应在兽医指导下隔离和无害化处理。

（三）粪污

（1）猪粪池的中转站处设有清洗和消毒点。从猪舍内拉出猪粪的车辆和工具，必须先清洗消毒后方可进入猪舍，猪粪池储存猪粪建议不超过池高的2/3。猪粪池周围每周两次消毒。

（2）干湿分离后猪粪的管理。干湿机分离好的猪粪应集中堆放，严禁乱堆乱放，猪场安排专人和专车装载到发酵棚，每次进发酵棚，应清洗干净并消毒后方可进到猪粪干湿分离处，所分离出的猪粪集中到发酵棚制成有机肥才能转出。

（3）在清理猪舍水泡粪时，应先封闭猪舍再搅动均匀水粪，严禁在泵粪时污染净区，严禁水泡粪装车直接浇灌施肥或出售，必须运输到室外发酵棚发酵制成有机肥才能出售和施肥；运输水泡粪必须使用专业的吸粪车，吸粪车行驶过的专用道路，必须及时清扫和消毒，以免漏粪污染净区。

（4）猪场内的猪粪必须发酵制成有机肥，杜绝猪粪内病原再次污染猪场或环境。猪场室内猪粪发酵成的有机肥，安排专人专车运出。

十一、消毒程序

（一）圈舍空栏消毒

（1）清洗圈舍。

（2）喷泡沫。可选择"强渗""全清""博灭克"等专业碱性清洁剂。干燥圈舍先用清水润湿（猪刚转走的湿圈舍可省略此步骤）栏位及地面，对栏位和地面等喷洒泡沫清洁剂，浸泡至少 40 min 以上，中途泡沫干了可喷洒适量清水保持湿润状态。

（3）冲洗。高压清洗机调成冲洗模式，冲洗干净，顽固污渍用钢丝球擦干净。发生腹泻的猪场，挡板之间、栏片之间要彻底冲洗，不留死角和异物，发生腹泻的猪场最好对粪池彻底冲洗消毒。

（4）初干燥。用干净拖把或吸干机把产床上、过道上的积水拖干或吸干。打开所有风机、窗户和门，促进干燥。

（5）火焰消毒。在干燥后对碳钢网床、地面、墙面、金属栏杆等耐高温场所进行火焰消毒（图 6-29）。火焰消毒应缓慢进行，光滑物体表面停留 3~5 s 为宜，粗造物体表面适当延长火焰消毒时间。要注意不要喷烧过久，以免损坏被消毒物品。应确保操作安全，避免火灾等安全隐患。

图 6-29　碳钢网床火焰消毒

（6）喷淋喷雾消毒。关闭风机，使用专用消毒机，调到雾状，可选用过氧乙酸、氯制剂、卫可、戊二醛等高效消毒剂，对圈舍栏位、地板甚至粪沟、踏脚盆、采食槽、保温罩等全面喷淋喷雾消毒，关闭门窗，密闭 2~4 h 后，开风机门窗。根据疫情防控压力可再次喷淋消毒一次。温馨提示：不要使用高端清洗机用于消毒剂喷洒。因为消毒剂对清洗机损耗很大，所以要使用普通配件容易购买的清洗机。

（7）部分干燥。消毒后，待其栏位、底板等自然干燥或开启风机部分干燥（空气湿度 70%~90%）时，开始下一步的熏蒸消毒。

（8）熏蒸消毒。可使用氯制剂、甲醛高锰酸钾、戊二醛等，甲醛和戊二醛熏蒸对湿度要求很高，湿度在 70% 以上才能发挥好的效果。在进行熏蒸消毒前，完成物品的准备，并确保物品可以被熏蒸消毒。将药品及接生器具等收集归纳，并做整理、补充。紧闭门窗、风机。

（9）彻底干燥。熏蒸完成后开启所有风机、门窗，通风直到无消毒剂气味、彻底干燥为止。

（二）公共区域消毒

工具、公共区域消毒方法见表 6-3。

表 6-3　场内物资及工具消毒方法

消毒点及工具	消毒剂种类及消毒方法
碳钢网床、地面、墙面	缓慢进行火焰消毒，光滑地面或墙面停留 3~5 s 为宜，碳钢网床停留 5~10 s 为宜
场内转运工具：活猪、工具、死猪胎衣、垃圾等转运车	先用泡沫清洁剂清洗干净，再用 1∶150 稀释的浓戊二醛或卫可、2.3% 氯制剂等喷淋喷雾消毒，再熏蒸消毒 2 h
眼镜、电脑、钥匙等小件物品	眼镜先用酒精擦拭消毒，再随人员洗澡时一并清洗 电脑、钥匙及其他小件物品先酒精擦拭消毒，再臭氧熏蒸消毒
一般生活物资 生产物资	臭氧熏蒸和紫外灯结合、消毒液浸泡、高温消毒：能高温消毒的物资先用臭氧熏蒸消毒，再 70℃ 烘干 30 min；能浸泡消毒的物资用 1∶100 稀释的卫可或浓戊二醛浸泡消毒 30 min 以上，再熏蒸消毒；不能高温或浸泡消毒的物资用臭氧熏蒸加紫外线消毒
大宗物资：建筑材料、设施设备	1∶150 戊二醛喷雾消毒、臭氧或戊二醛熏蒸消毒 戊二醛熏蒸要求： 浓度 1~1.5 mL/m³ 浓戊二醛原液，烟雾能弥漫整个空间 湿度 70% 以上（需配置湿度计测定）

(续表)

消毒点及工具	消毒剂种类及消毒方法
饲料	臭氧熏蒸消毒 8~12 h
食堂、宿舍、办公室、会议室等	卫可 1:150 稀释喷雾消毒、拖地
人员洗手	卫可 1:200 稀释液
人员雾化消毒	卫可 1:400~1:200 稀释液
猪舍单元门口脚踏消毒盆，洗手盆	洗手消毒盆，消毒液 1:200 卫可；脚踏消毒盆用 3% 烧碱、1:50 稀释的卫可或 1:50 稀释的戊二醛（15%~20%），人员双脚踏入消毒盆内，停留时间 1 min
各栋舍道路	1:150 稀释的卫可、戊二醛喷洒或 3% 烧碱喷洒
圈舍空栏清洗	强渗、全清、博灭克、强碱溶液
圈舍空栏喷雾消毒	过氧乙酸、次氯酸钠、卫可、戊二醛
圈舍空栏熏蒸消毒	烟熏宝、甲醛高锰酸钾、戊二醛
手术器材、针头、注射器	蒸煮消毒、2% 戊二醛浸泡消毒
场区各道路	1:150 稀释的卫可或浓戊二醛、2.3% 氯制剂、3% 烧碱喷洒
饲料库房	臭氧、戊二醛、氯制剂等熏蒸
无害化处理区域	3% 烧碱喷洒或 3% 烧碱加石灰乳白化
大门口、出猪台外部区域	大门口：1:150 稀释的卫可、戊二醛喷洒或 3% 烧碱喷洒。出猪台外部区域：3% 烧碱或 3% 烧碱加石灰乳喷洒
赶猪道、出猪道	出猪后，出猪台先火焰消毒一遍 场内赶猪道、出猪台内部区域：1:150 稀释的卫可或 3% 烧碱喷洒 出猪台外部平台及停车区域：3% 烧碱喷洒或 3% 烧碱 +5% 石灰乳白化

十二、风险动物管控

（一）老鼠

（1）猪场围墙要用石灰或水泥抹平，墙脚不要种植攀缘类植物，不要堆放物品，墙基、地面、门窗等应坚固，发现洞穴立即封堵。

（2）在猪舍周围铺碎石子或水泥路，至少1 m宽，防止老鼠进入猪舍，粪沟要安装0.6 cm的栅栏，将鼠类的生存活动空间限制到最低。

（3）要搞好猪场内外的环境卫生以及周围的绿化工作，防止杂草生长，及时清除猪场内残留饲料、生活垃圾，减少鼠类的生存空间。

（4）通过选用鼠夹、黏胶板等器械捕鼠。

（5）通过化学药物或专业灭鼠公司灭鼠：目前猪场灭鼠常用的药物是比较安全、慢性、低毒的药物，如敌鼠钠、杀鼠醚、杀鼠灵等灭鼠剂。严禁使用毒鼠强等剧毒药物。鼠药应投放于老鼠比较集中、隐蔽的地方，防止猪只误食，确保人畜安全。灭鼠后要及时收集死老鼠、剩余毒饵并采取无害化处理。

（6）猪场要建立完善的灭鼠制度，根据实际情况进行灭鼠。请专业的灭鼠人员来定期进行灭鼠工作，以减少饲料的浪费和疾病的传播。

（二）鸟类

（1）对于猪舍需铺设防鸟网等，防止鸟类接触到猪。

（2）要及时清理散落在外的饲料，避免吸引鸟类到猪场。

（3）水源处和饲料存放处尽量不要露天，避免被鸟类污染。驱逐鸟类或者是播放驱鸟的音乐，来进行防鸟以减少鸟类对疾病的传播。

（三）节肢动物

最有效的方法是控制猪场及周围的环境卫生，保持清洁干燥，从根源上消灭。

1. 消灭苍蝇的办法

可在饲料中添加低毒灭蚊蝇药物环丙氨嗪。用于控制圈舍内蝇蛆幼虫的繁殖，杀灭粪池内蝇蛆。粪便是苍蝇的主要繁殖场所，猪场应当每天将产出的粪便收集到化粪池或者专用储粪坑，定期用塑料布密封发酵，将苍蝇虫卵或幼虫闷死。搞好猪舍内环境卫生，撒落饲料及时清理。用灭蝇药物涂在纸板上吊在猪舍里，对苍蝇的毒杀作用也很明显。

2. 消灭蚊虫的办法

在窗户上钉纱窗，可以有效阻挡蚊子的进入。使用灭蚊灯和蚊香（专用畜牧蚊香）驱蚊。药物灭蚊，在蚊子产卵繁殖的场所投放杀虫药。猪场内外环境卫生相当重要，及时清除猪场周边和猪场里面的杂草和积水，集中处理污物。

3. 消灭其他节肢动物（蚤、虱子、蛾、蝉）的办法

可使用杀虫剂（伊维菌素或多拉菌素、敌百虫等）。

（四）犬猫

猪场内禁止饲养猫狗等宠物，保持围墙和围栏的完整性，避免流浪狗和野猫进入。如发现猫狗进入猪场，立即扑杀，对猫狗经过的场地区域消毒处理。

第七章
万州区生猪生态养殖场废弃物处理及资源化利用模式解析

2018年，为加快脱贫产业发展，助推脱贫攻坚，增加村级集体经济收入，同时为解决农村地区生猪养殖带来的面源污染问题，保护和提升长江水质，在全国生猪产能下降、深入贯彻中共中央、国务院关于生猪稳产保供的工作部署，大力稳定生猪生产、满足老百姓的菜篮子需要的大背景下，抢抓生猪发展机遇，保障市场供给，壮大万州区农业产业，实现种养循环绿色发展，在经历考察、调研、试验的基础上，提出发展生态猪产业。

2018年1月，时任区委分管领导率队到广西进行考察，发现广西玉林地区生态生猪产业发展良好，提出大力发展生态猪饲养的思路，适逢四川德康集团拟定到万州发展生猪产业，与万州区发展生猪生产需求相契合。通过查询四川德康公司资料，区委分管领导带领相关部门负责人到四川德康集团总部对其综合实力进行了考察。2018年3月，万州区农业农村委员会组织专业人员到合川考察四川德康集团在合川养殖场项目执行情况。2018年5月，邀请获得广西科技进步二等奖的广西玉林市容县奇昌种猪养殖有限公司负责人陈忠洪到万州区考察投资。随后，区农业农村委员会组织万州区原生猪规模较大的养殖场业主赴广西奇昌公司考察"碳钢网床＋益生菌＋异位发酵"养殖技术，养殖业主普遍认为该模式实现了养殖废弃物综合利用，解决了养殖污染问题，在万州区推广该模式可行；当月下旬，四川德康集团总经理一行到万州考察投资生猪养殖项目。赓即，区政府组织四川德康集团总经理及生产、环保板块负责人到广西容县、贵港等地考察。区委区政府邀请印遇龙院士等全国知名专家对项目的技术模式进行论证，最后与四川德康集团达成了按照"碳钢网床＋益生菌＋异位发酵"养殖技术模式，在万州发展生猪生产的共识。2018年7月，区农业农村委、区发展改革委、区财政局、区生态环境局等部门负责人到广西进一步考察，坚定了按照"碳钢网床＋益生菌＋异位发酵"养殖模式发展生猪产业信心。

为试验广西模式落户万州的可行性，对甘宁镇优农益家养殖场按照奇昌"碳钢网床＋益生菌＋异位发酵"养殖模式进行改造，发现在提高生猪生产能力、养殖污染防治取得了明显的效果。后引进奇昌公司在万州区建立了示范场，进一步证实了"碳钢网床＋益生菌＋异位发酵"养殖技术模式适应万州区生猪生产的发展。

万州区生猪生态养殖项目提出后，区委、区政府高度重视，时任区委、区政府主要领导和相关领导在多次会议上提出，大力发展生猪生态养殖，实现种养循环、绿色发展，是促进万州农业农村经济快速发展的必由之路。区委、区政府相关领导多次召开专题会议，研究生猪产业发展项目。百万头生态猪项目作为农业农村部、国家扶贫办全国恢复生猪生产16个重点项目在京签约，被列为重庆市政府2020年度重点建设项目。全市生猪现场会两次在万州召开，市农业农村委主要领导专题调研，给予充分肯定。

生猪养殖场废弃物主要是生猪粪便、饲料腐败分解物、动物消化过程排出的气体、皮脂腺和汗腺分泌物、动物体表的黏附物等。万州区独创了猪饮用余水收集利用模式，采用"碳钢网床＋益生菌＋异位发酵"的技术模式，通过粪污全量收集异位发酵生产有机肥的资源化利用方式，实现种养结合和循环农业目标。同时，对病死猪进行集中无害化处理，有力地推进了生猪产业高质量发展。

第一节 余水收集利用

猪饮用余水是指猪只在饮水或玩耍过程中未吸食利用洒漏的部分水。传统生猪养殖场饮用余水直接流入粪污，增大了粪污的产生量。猪每天的饮水量取决于其生理阶段、体重、环境温度和饲料类型，据统计猪只饮入体内的水量仅占消耗水量的30%左右，通过饮用余水的收集利用，实现了养殖废弃物源头减量化，极大地降低了养殖场粪污处理难度。

一、工艺流程

饮用余水收集利用工艺流程如图7-1所示。

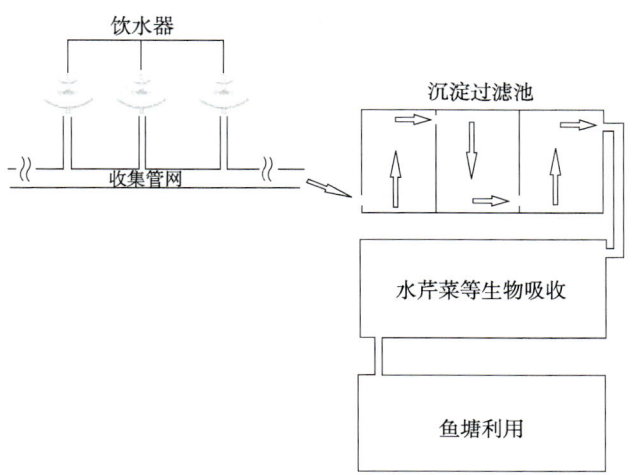

图7-1 饮用余水收集利用工艺流程

二、饮用余水收集利用

（一）安装专用饮水器

养殖场的全部饮水器均采用具有接水罩的专业饮水器，接水罩用弧形钢质圆管制成，大猪直径设置为 22 cm 左右，仔猪饮水直径设置为 16 cm，保证猪能够轻松地将嘴部伸入接水罩中咬住饮水嘴即可。饮水嘴采用弹珠式，至接水罩边缘 12～15 cm 为宜，饮水器水压为 0.05～0.1 MPa，手压饮水器阀杆时水不喷出接水罩为宜。接水罩下设排水孔，通过管道连接至网床下面的收集管道，连接管直径不小于 32 mm，以防饲料毛屑堵塞。

饮水器安装高度为：种猪舍 50～55 cm，保育舍 20～30 cm，育肥舍 30～50 cm。

当猪只咬住饮水嘴时水流入嘴里，饮水过程中，洒落的水掉落至接水罩内部并从排水管收集（图 7-2）。

图 7-2　余水接水器

（二）安装余水收集管网

接水罩通过管道连接至余水收集主管，养殖场全部圈舍的全部收集管道汇聚到一起后流到余水收集池（图 7-3）。圈舍内余水收集主管用钢钉固定在碳钢网床下刮粪槽的墙壁上，钢钉间距不超过 2 m，避免管道弯曲。猪舍内主管材质采用 PE 管，管径≥110 mm，猪舍外主管材质可采用 PPR 管，管径≥160 mm。管道应有滑水，坡度不小于 1%。

（三）余水的收集、过滤、沉淀

养殖场应根据养殖规模修建余水三格式集水、过滤、沉淀池，可采用地上式或地下式设计，结构应符合相关建筑标准要求，高度不宜超过 1 m，设有进水口和出水口，要进行防渗漏、防外溢处理，四周应设置围挡，防止猪只落水。沉淀池每周清理 1 次，夏季应增加清理次数。沉淀后的水质应符合《农田灌溉水质标准》（GB 5084—2021）和《渔业水质标准》（GB 11607—1989）要求。

图 7-3　余水收集管网

（四）饮用余水利用

以浮筏种植模式种植水芹菜等植物（图 7-4），利用其强大的吸附能力对余水进行生物降解，将进行生物降解后的余水排入鱼塘，养殖"四大家鱼"。

图 7-4　浮筏种植水芹菜

三、模式解析

猪饮用余水收集是"万州模式"最突出特点。该模式注重源头减量，减少粪污水量 50% 以上，有效实现养殖过程的水污分离，减少养殖过程中污水排放量，降低养殖粪污处理量和难度；避免猪饮水时洒落的水直接掉落至地面导致的地面潮湿，改善养殖环境，提升养殖生产成绩。万州区畜牧产业发展中心牵头制定了重庆市地方标准《规模猪场饮用余水收集利用技术规范》（DB50/T 1276—2022）（图 7-5）。

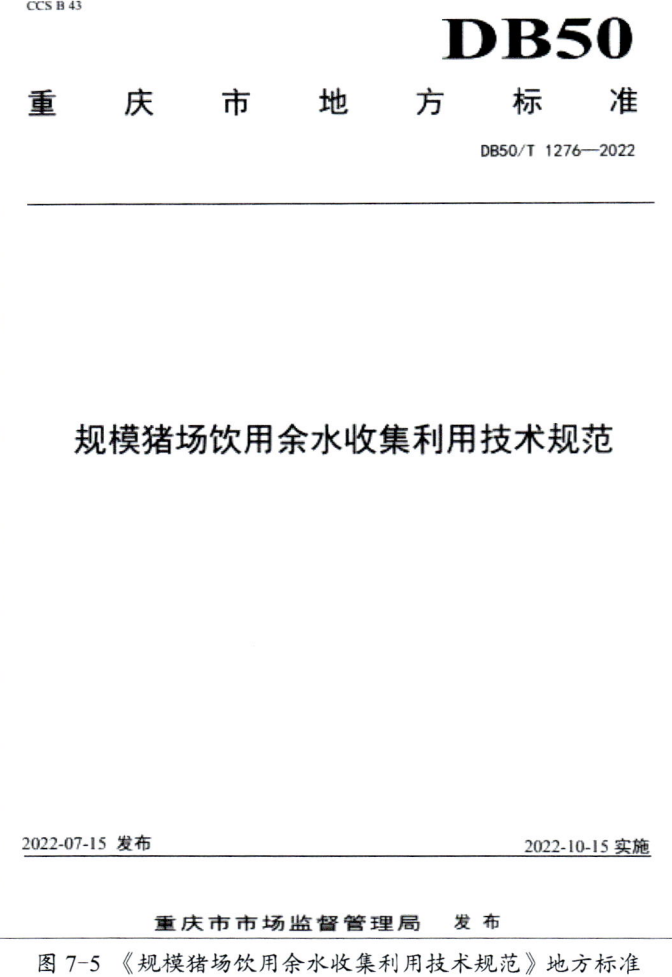

图 7-5 《规模猪场饮用余水收集利用技术规范》地方标准

第二节 粪污收集

粪污全量收集是将养殖场猪排泄的粪尿混合物通过刮粪机收集到一起，用于异位发酵。

一、工艺流程

刮粪工艺流程如图 7-6。

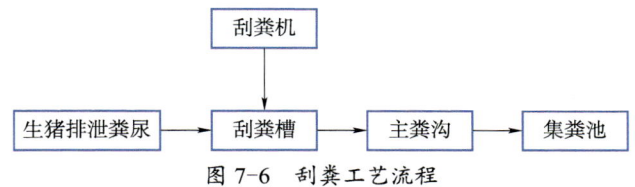

图 7-6　刮粪工艺流程

二、收集方法

养猪场猪只排泄的粪便经猪踩踏掉入刮粪槽，尿液直接流入刮粪槽，形成粪尿混合物。每日定时 1~2 次用刮粪机刮出汇入主粪沟，主粪沟用刮粪机或利用自然落差收集到集粪池。

万州区新建生态猪场统一采用机械刮粪等工艺，刮粪槽宽度小于 3 m 的可安装牵引式刮粪机，大于 3 m 的安装步进式刮粪机（图 7-7）为宜。刮粪槽固定步进式刮粪机轨道的采用 C25 混凝土，厚度不小于 20 cm，防止轨道脱落。

养殖场的主粪沟、集粪池应作防雨、防渗处理，符合《畜禽粪便贮存设施设计要求》（GB/T 27622—2011）。

图 7-7　步进式刮粪机

第三节　粪污异位发酵处理

一、工艺流程

万州区养猪场的粪污处理模式包括堆肥发酵处理和异位发酵床处理两种模式。养殖规模在 10 个单元以下的养猪场采用堆码条垛发酵处理，养殖规模在 10 个单元以上的养猪场采用异位发酵床处理。异位发酵处理工艺流程如图 7-8 所示。

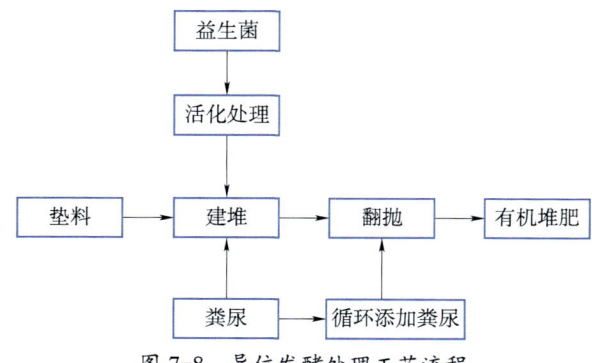

图 7-8　异位发酵处理工艺流程

二、发酵处理

（一）条垛式堆码发酵处理

发酵场建设：堆肥发酵场地选择应符合《畜禽粪便无害化处理技术规范》（GB/T 36195—2018）和《畜禽粪便堆肥技术规范》（NY/T 3442—2019）的要求。堆肥发酵棚采用阳光棚，净高不低于 5 m，墙体和地面应符合《畜禽粪便贮存设施设计要求》（GB/T 27622—2011）。堆肥发酵场地应通风、防雨、防渗。堆肥发酵场建设面积按照每头存栏猪不小于 $0.2 m^2$。配套混合、输送、翻抛等机械设备。

1. 物料及设备准备

垫料：按 1 个月粪（尿）量的 1 倍以上准备充足的垫料，谷壳、锯末、秸秆粉等。谷壳（秸秆）含水率≤20%、锯末含水率≤30%，且无霉变。使用前将谷壳与锯末（秸秆）按 1∶（1～1.5）比例混匀。

饲料益生菌：按不少于每月饲料消耗量的 0.1% 准备（参照产品说明书使用）。

粪（尿）发酵菌：按不少于每月粪（尿）量的 0.01% 准备（参照产品说明书使用）。

铲车：用于建堆、翻抛、堆料、有机堆肥转运等。

翻抛车：翻抛车用于堆体的翻抛，以翻抛宽度>2.5 m，高度>1.5 m 为宜。

2. 粪（尿）发酵菌激活

按菌种的使用说明激活菌种。通常将菌种、红糖、水按 1∶1∶10 的比例混合后搅拌均匀，温度以 30℃为宜，12～24 h 激活后备用。制备的活性菌液宜在 24 h 内用完。当气温在 25℃以上时，可以直接在发酵堆中激活菌种，节约红糖的使用。

3. 混料及发酵菌液添加

可采取以下两种方式处理。

第一种方式：将制备好的菌液按粪（尿）量的 0.1%～0.2% 加入集粪池，在集粪池中用铲车将垫料、粪（尿）、菌液混匀。粪（尿）和垫料混合比例 1∶（0.5～1）。

第二种方式：在发酵棚中用垫料围成圈，用污水泵将粪（尿）抽至圈内，粪（尿）和垫料混合比例1∶（0.5～1），将制备好的菌液按粪污量的0.1%～0.2%加入圈内，用铲车将垫料、粪污、菌液混匀。

混合均匀的物料含水率70%～75%，手拿不滴水但能捏出水、可以码堆为宜。

4. 堆码发酵

建堆：将混匀后的物料堆至底部宽3 m左右、高2 m左右的长垛。场地小的养殖场可适当加宽加高，堆体大小100～200 m³为宜（图7-9）。

图7-9　条垛式堆码发酵

升温：混合均匀的物料堆垛后开始发酵升温，一般情况下2～3天温度即上升至55～65℃。每天检测堆体内温度，发现异常及时处理。

翻抛：根据堆体的升温情况（60℃左右）用翻抛车或铲车进行翻抛操作，每1～2天翻抛一次，以控制温度、蒸发水分、给堆体供给氧气（图7-10）。

循环发酵：根据养殖场规模、发酵场面积等合理建立堆垛数量，开始循环发酵。养殖规模在5个单元以下的养猪场建堆垛3～5个，养殖规模在5～10个单元的养猪场建堆垛5～10个，养殖规模在10个单元以上的养猪场建堆15个左右。为确保发酵效果，采取循环添加粪（尿）。当堆体温度达60℃以上，发酵3～5天以后，水分挥发至手捏堆料不滴水即可添加新粪（尿），根据添加粪（尿）后升温的速度适当补充益生菌。如此循环，实现一次垫料N次使用。在此过程中不能添加新垫料。随着添加粪（尿）次数的增加，堆体吸收粪（尿）的量逐渐减少至10%以下后不再循环使用（一般8~10次）。堆料继续发酵20~30天后可成有机堆肥。

图7-10　行式翻抛机翻抛

注意事项：一是饲料中必须按规定添加益生菌。二是加强日常管理，每日定人定时巡查，严禁用水冲洗圈舍、严禁雨水、猪饮用余水、水帘水等进入粪（尿），做好源头控水减排。三是使用火焰消毒，减少使用强酸、强碱消毒剂。四是必须每天处理粪（尿）。粪（尿）长时间堆放，微生物会分解其中的营养物质，不利于后期发酵。五是堆体发酵过程中注意有氧供给。六是异位发酵生产有机堆肥必须专人专职，勤干勤总结。

（二）异位发酵床处理

目前国内部分对于生猪粪污处理的模式采用异位发酵床，此发酵模式在运用得当的情况下是能够对生猪粪污进行有效处理的，但是在日益剧增的养殖量的情况下，原有处理模式处理效果不佳，处理能力不足，不能够很好的将现有的养殖粪污进行完全处理，出现无害化不彻底、死床等诸多问题，万州区在经过多方探讨后，找出问题节点进行改进优化。

1. 存在问题

（1）堆料高度不足，目前在1.6 m以下，不能很好地保住温度。

（2）下方滤液保护层被破坏，不足30 cm。

（3）发酵槽没有配备曝气系统，料层供氧不足。

（4）喷淋+翻抛方式不正确，没有给予料层充分的发酵升温时间。

（5）发酵菌剂升温速度及最高温度不足，生存环境苛刻。

2. 优化方法

针对以上问题，我们将"异位发酵床"更新为"有机肥生物滤床"（图7-11），此模式能很好地解决现有发酵困境，提高发酵效率，做到生猪粪污"无害化""减量化""资源化利用"。

（1）将发酵料层更新为2.3 m保住温度，给予生粪充分的发酵时间及无害化时间。

（2）下方留30 cm的生物滤层，使料层不被完全破坏，截停有机物质，保证肥效，滤液清澈无害化，可浇灌农田或返回稀释粪污。

（3）配备超高速节能曝气系统，给予发酵料层充分的氧气，杜绝厌氧反应，减少臭味产生，提高发酵菌剂新陈代谢，加快升温速度，从而提高水分蒸发效率，做到真正的节能减排。

（4）翻抛方式更改为先翻再喷淋，保证料层有一整天的从上至下的发酵时间，从而真正实现高温灭菌无害化。

（5）采用独立专用的高温好氧发酵菌剂，提高整体升温速率，提高发酵料层最高发酵温度（70℃以上），保证发酵效率及无害化。

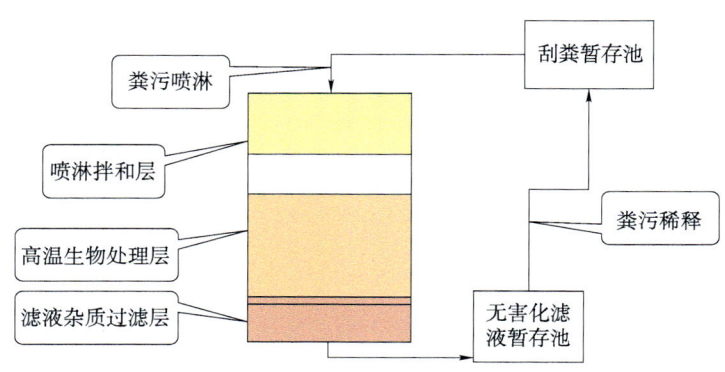

图7-11 "有机肥生物滤床"发酵示意图

针对生猪粪污高效无害化处理，中科无抗生态科技有限公司和万州区联合开发了高温好氧发酵菌剂，该菌剂在高氧分环境下，补充一定的有机质能够使其快速地进行新陈代谢，高效繁殖，可在24 h内产生70℃以上的高温，持续对料层进行水分蒸发，其次将环境中的大肠杆菌、虫卵进行高温灭杀，实现无害化过程，此为单向高效菌，没有兼性反应，减少厌氧反应的发生，使排放气体只为水蒸气及少量氨气，减少恶臭气体的产生，减少环保风险。

为了推进生猪粪污无害化处理特别推出生物滤床发酵工艺模式，为高温好氧菌剂提供良好的繁殖生存环境，搭配高料层翻抛设备，为料层保温提供基础条件，配置超高速节能曝气系统，为料层供氧，给予发酵菌剂必要的生存条件，加快繁殖速度，提高水分蒸发效率。

发酵床建设

根据需要处理的粪污量建设发酵床，一个标准发酵槽为长 70 m，宽 17.2 m，高 2.6 m，堆料深度为 2 m 垫料约 2 400 m^3，每天可以处理含水率小于 90% 的粪污约 40 m^3（图 7-12）。标准发酵床搭配设备为一台翻抛宽度为 17.2 m，翻抛深度为 2 m 的轮盘式翻抛设备，4 台超高速节能曝气风机，一套专用喷淋设备及一套远程监控维护系统。

曝气系统设计

风机配置的依据：

计算公式：$f = a \times b \times h \times r \times 60/s$

注：a：实际曝气长度（70 m）、b：槽宽（17.2 m）、h：料层高度（2 m）、f：风机台数、r：生物菌好氧系数（0.05~0.2，一般有机肥发酵取值 0.07 最佳，因生物滤床料层蓬松，透气性较好，取值一半即可，此处取值 0.035）、s：单台风机风量（1 440 m^3/h）。

因此：风机台数 $= 70 \times 17.2 \times 2 \times 0.035 \times 60/1\,440 \approx 3.5$ 台（取整 4 台）。

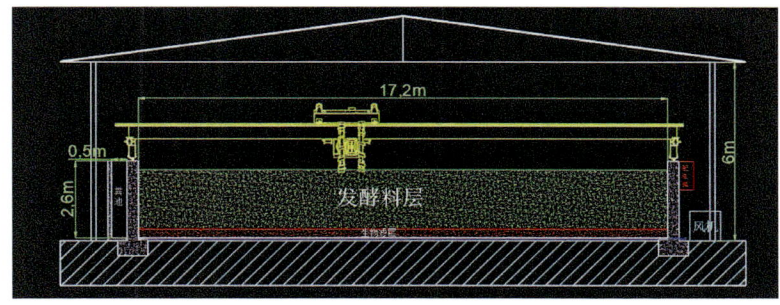

图 7-12　发酵槽建设示意图

按照设计要求建造上述发酵车间，采用热镀锌矩管与玻纤瓦相结合的形式建设上述开放式发酵车间，保证空气、水蒸气快速流通，进行全生物滤床的高温好氧静态全物料翻抛。

10个单元的养殖场需建设一个标准发酵床、相应的发酵车间及生物滤床，具体参数如表7-1和表7-2所示。

表7-1 标准发酵槽建设规格统计

名称分类	相关尺寸（m）		占地面积（m²）
发酵车间（车间）	长度	75.0	1 495.5
	宽度	19.94	
	高度	6.0	
发酵槽（单槽）	长度	70.0	1 204.0
	宽度	17.2（净空）	
	高度	2.6（37墙）	
粪池	长度	70.37	35.185
	宽度	0.5（净空）	
	高度	2.6（12墙）	

表7-2 标准发酵槽设备统计

序号	设备名称	规格型号	技术参数	数量	功率（kW） 单台	功率（kW） 合计	备注
			一、发酵系统				
1	翻抛机	FPJ-1723020	外观尺寸：17 790 mm×4 000 mm×5 200 mm 翻抛范围：翻抛深度2 m，翻抛宽度17.2 m 材质要求：翻抛轮、臂全不锈钢制作（201），刀片采用合金钢制作；其余主体采用Q235材质，电器采用德力西、正泰，电器减速机、国泰国贸 翻抛时间：槽长70 m，宽17.2 m，大车行走3 m/min，小车行走12 m/min，翻抛时间约为9 h	1	36.7	36.7	

（续表）

序号	设备名称	规格型号	技术参数	数量	功率（kW）单台	功率（kW）合计	备注
1	翻抛机	FPJ-1723020	防腐蚀设计：电器一体化，电器均装配在大梁内密封处理，整机防锈底漆、防腐面漆，不锈钢翻抛轮、臂，全电机不锈钢罩壳。传输方式：无线传输，专用智能密封防腐收卷能源供给系统。dtu 物联网控制系统（含手机 App 控制）。带自适应负荷调节控制系统	1	36.7	36.7	
	小计			1		36.7	
二、智能化超高速节能曝气系统							
1	智能超高速曝气风机	CGS-7.5-1440	转速 1.8 万～2.4 万 r/min，压力 25 kPa，风量 1 440 m³/h。自动识别曝气孔堵塞和智能化调整发酵曝气工艺，保证发酵槽及时准确曝气，清理疏通曝气孔	4	7.5	30	
2	配套曝气管路系统		专利曝气管网设计及曝气孔脉冲式均匀防堵曝气技术。相应的配套阀门附件（不含槽内埋管）	4			
3	全自动高压分风系统	GY-4	电磁阀自动控制调节风量，自动合理分配压力及风量	4			
4	配套集成箱体		降噪、隔音净化工作环境	4			
5	超高速智能曝气控制系统	CGSKZ-17.2-2.0	自动化控制系统，包含电器电缆桥架和配套专用软件监控管理系统	1			
6	配套曝气电控箱		含电缆	4			
	小计			21		30	

(续表)

序号	设备名称	规格型号	技术参数	数量	功率（kW）单台	备注 合计
			三、自适应喷淋系统			
1	气动搅拌系统		采用 1.5 kW 高压风机进行粪池气动搅拌，风量 263 m³/h，最大正压 34 kPa，最大负压 27 kPa	1		
2	喷淋系统		主泵：3 kW，2 m 粪污切割螺旋泵扬程 4～7 m，流量 30～50 m³/h，副泵：1.1 kW，螺旋自吸泵，扬程 1 m，流量 5～10 m³/h 采用随机行走喷淋的方式进行持续均匀的喷淋	1		
3	电器控制系统		搭载自适应喷淋系统及喷淋自主回流系统，设备保护装置等	1		
	小计			3		

发酵车间顶棚采用型钢结构，屋面采用阳光棚，防腐蚀性作为建筑材料参考的重要依据。

发酵渗透液收集：发酵槽建设时底部应设置滑水，坡度约 2%，向安装曝气装置的纵边倾斜。曝气管安装位置留沟，用于发酵渗透液流出，在发酵槽外设沟，收集发酵渗透液至暂存池（图 7-13）。

图 7-13　标准发酵槽曝气管网及发酵渗透液收集沟设置

（三）日常运行

1. 发酵床垫料铺设

曝气管安装沟槽铺设 2 cm 大小的轻质陶粒，上面铺设 30 cm 的稻壳作为生物滤层。再在上面铺设垫料，垫料通常用谷壳、锯末、秸秆粉等。谷壳（秸秆）含水率≤20%、锯末含水率≤30%，且无霉变。铺设前将谷壳与锯末（秸秆）按 1∶（1～1.5）比例混匀。垫料铺设高度一般 2 m，以翻抛轮盘顶部高度为限。

2. 启动运行

开启轮盘翻抛机翻抛垫料（图 7-14），喷淋粪浆，同时将高温好氧发酵菌剂激活后按菌剂使用说明的用量加入垫料中，调整粪浆喷淋速度。

3. 配置超高速节能曝气系统

给予发酵料层充分的氧气，每天曝气时间不少于 4 h，杜绝厌氧反应，减少臭味产生，提高发酵菌剂新陈代谢，加快升温速度，从而提高水分蒸发效率。

图 7-14　发酵槽翻抛机运行

（四）日常管理

1. 温度检测

喷淋粪浆后 24 h 后开始升温，每天使用插入式温度计测量发酵床前、中、后 3 段垫料中心温度，并做好记录。发酵床正常运行温度 50～70℃。

2. 循环喷淋粪污

将发酵床分为 3～4 段，分段循环添加粪浆。喷淋粪污同时开启翻抛机，使粪浆和垫料混合均匀。根据垫料湿度决定喷淋频率和喷淋量，使喷淋粪浆后垫料湿度保持在 60% 左右，即用手抓紧垫料成团但指缝间没有水滴出，松手则散即可。

3. 添加高温好氧发酵菌剂

当发酵菌活性下降，处理效果变差，垫料中心温度低于 50℃时，要及时添加高温好氧发酵菌剂，用法、用量按参照产品说明书。

4. 补充垫料

发酵床在运行中出现垫料沉降或垫料湿度过大的情况时，要及时补充垫料，否则出现死床。

（五）模式解析

万州区推广异位发酵处理猪场粪尿，其优势主要在以下 3 个方面。一是处理高效，可持续向异位发酵堆体循环添加粪浆，能做到"零排放"。二是甲烷减排。异位发酵床采用好氧发酵，有效降低甲烷排放量，减少环境污染。三是通过异位发酵生产有机肥，真正做到种养循环，绿色发展。但存在一些问题：一是要加强养殖场用水的管理，严格水污分离，减少粪污产生量，提高发酵效率。二是垫料使用量大，运行成本高。三是有机肥的销售和使用存在困难。为此，万州区畜牧产业发展中心牵头制定了重庆市地方标准（图 7-15）。

第七章 万州区生猪生态养殖场废弃物处理及资源化利用模式解析

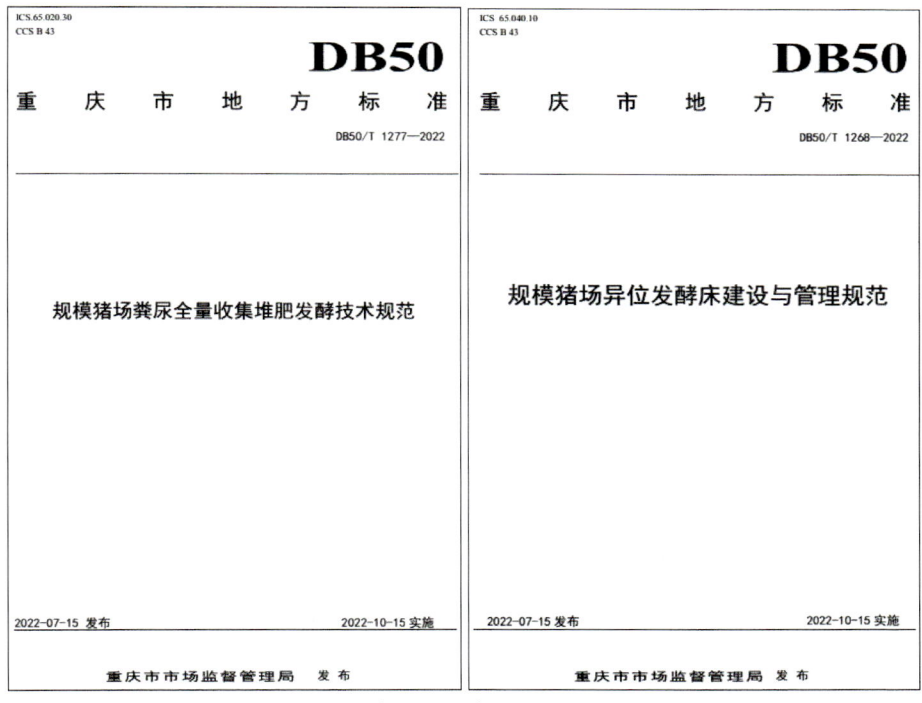

图 7-15 与粪污处理有关的两个地方标准

 粪污处理环节益生菌选择和添加

益生菌处理粪污是一种有效的环保和资源化利用技术。通过合理利用益生菌的生物作用机制，可以实现粪污的高效、环保和资源化处理，推动农业和养殖业的可持续发展，其在生猪养殖过程中的粪污处理中具有显著的优势和潜力。使用益生菌对粪污进行处理具有以下优势。

一、加速有机物分解

益生菌能够分解粪污中的有机物质，如蛋白质、脂肪和碳水化合物等。

它们通过产生特定的酶类，将这些复杂有机物转化为简单、无害或低毒性的物质。这有助于减少粪污的体积和重量，为后续处理减轻负担，并降低处理成本。

二、降低污染物含量

粪污中的氨氮和总磷是造成环境污染的主要成分。益生菌在分解有机物质的同时通过生物转化作用有效降低粪污中的污染物含量，特别是氨氮和总磷，从而减少其对环境的潜在危害。

三、生产生物有机肥

经过益生菌处理后的粪污，可以转化为富含有机质和微生物菌群的生物有机肥，这种肥料对土壤改良和植物生长具有显著效果。使用生物有机肥可以替代传统化肥，减少化学肥料对土壤的破坏，提高土壤的肥力和作物的产量及品质。

四、改善环境质量

益生菌能够分解粪污中的恶臭物质，减少臭味的产生，并降低氨气等有害气体的排放，改善处理现场及周边环境的空气质量，减少环境污染，保护生态环境。

五、降低疾病传播风险

益生菌在粪污处理中还能抑制病原菌和寄生虫的生长繁殖，降低疾病传播的风险。对保障公共卫生安全、维护人类和动物的健康具有重要意义。

为了更好地处理猪场产生的粪污，通过试验和不断探索，目前万州区粪污处理使用的益生菌主要有芽孢杆菌、乳酸菌、酵母菌、苏云金芽孢杆菌、拜赖青霉菌等菌种（图7-16）。而益生菌的使用需要经过发酵菌激活，混料及发酵菌液添加等步骤（详见本章第三节发酵处理部分）。益生菌添加步骤见图 7-16。处理结束后进行资源化利用。

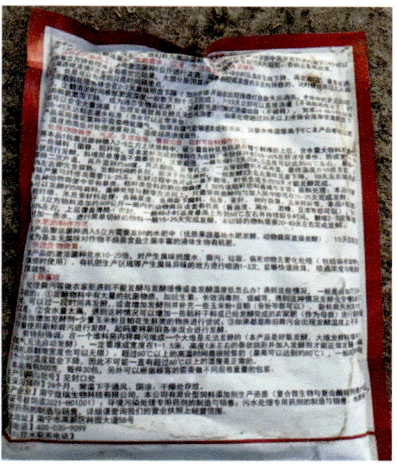

图 7-16　粪污处理微生物制品

第五节　资源化利用

万州区养猪场的粪污处理未采用干湿分离方式，而是全量收集异位发酵处理后利用。粪污处理后的利用模式主要是固态有机肥和液态有机肥两种模式，生猪养殖场粪污资源化利用形成闭环。

一、固态有机肥

配套有种植基地的养猪场，通过粪尿全量收集异位发酵处理后，可作为有机肥直接施用。也可供养殖场周边农户、家庭农场使用，主要用于蔬菜、粮油、果树、中药材等基地。将猪场粪尿通过生物菌发酵处理后成为固态有机肥，用于种植业生产。

对规模大，配套消纳土地不足的养殖场将粪尿全量收集异位发酵处理后，生产有机堆肥，有机堆肥销售给农神集团生产商品生物有机肥。万州区按照"1+N"模式开发商品有机肥。"1"即由招商引资引进重庆农神集团生物科技有限公司（图 7-17），在万州建设的 1 个年利用 60 万 t 有机堆肥，产能 20 万 t 的大型有机肥厂，"N"即若干个与德康集团"公司+家庭农场"方式合作的生猪养殖场。每个养猪场独立处理猪粪尿，异位发酵后形成有机堆肥的半成品。

图 7-17　重庆农神生物工程有限公司

二、液态有机肥

目前，万州区的液态有机肥主要是猪粪尿通过堆码发酵和异位发酵床发酵过程中的渗出液。其处理利用方式有以下两种。

（一）简便使用

将发酵渗出液全量收集，存于储液池或储液桶，发酵后，通过管道就近输送到果园、菜地施用（图 7-18）。

（二）配方水肥调和使用

通过沼液运输车、管道将渗出液输送到果园等种植基地建设发酵池发酵处理，发酵后的液体再进入配肥池，根据果树需肥情况添加微肥，成为果园配方肥（图7-19）。再通过果园全自动水肥一体化管网实现果树精准施用。

图7-18　液态有机肥简便利用

图7-19　果园液态有机肥调和利用

（三）模式解析

液体粪污处理是养殖场粪污处理难点。万州区因地制宜推广将发酵渗透液收集经充分发酵后作为液态有机肥，采用简便使用和配方肥使用两种方式，既解决了养殖场异位发酵处理粪水的难题，又为种植园提供优良的有机肥，改变种植园有机肥的施肥模式，具有成本低、效益高的经济优势，实现种养循环，推动山地高效农业高质量发展。

第六节　病死猪处理

根据《中华人民共和国动物防疫法》《病死畜禽和病害畜禽产品无害化处理管理办法》（农业农村部令2022年第3号）文件，万州区按照统筹规划与属地负责相结合、政府监管与市场运作相结合、财政补助与保险联动相结合的总体原则，出台了《万州区病死畜禽无害化处理运行办法（试行）》《关于调整完善病死畜禽无害化处理补助政策的通知》（万州农委函〔2021〕103号）、《万州区病死猪无害化处理与保险联动机制建设试点工作实施方案（试行）》等文件，依托信息化监管系统，以养殖场暂存冷藏设备、片区收贮点及流动收集车为收集网络，逐步构建起"（养殖场）主动报告—保险理赔—统一收储—集中处理"全链条收集处理体系，按照"政府＋养殖场＋保险＋专业公司""四方联动"的无害化处理模式，实现病死猪及时处理、清洁环保、合理利用的工作目标。

一、收集申报

（一）规模场收集申报

全区现共有407个规模生猪养殖场配备专用运输车辆407辆，配备冷库等冷藏设施设备407套，规划设置病死猪专用运输通道407条。规模场均配备有负责收集死亡猪只的专业人员，病死猪专用运输车辆及与生产规模相适应的冷库等相关冷藏设施设备用于死亡猪只的暂时存放（图7-20），暂存点位置应远离生猪饲养区和生产区，并设置病死猪专用运输通道，直接通往场区外。场内每天统一专人对死亡猪用裹尸袋进行打包处理，包装材料应符合密闭、防水、防渗、防破损、耐腐蚀等要求，包装后应进行密封，并对包装材料表面消毒。打包后由场内专人用死猪专用运输车辆沿场内污道转运至定点出场口，再由猪场外围人员用死猪专用运输车辆转运至冻库保存；场内与场外死猪收集人员不交叉，转运后安排专人对死猪转运路线进行全面消毒。

养殖场及时电话报告无害化收集公司，或是在系统平台进行无害化处理申报，同时通知保险理赔机构，报告镇乡（街道）农业服务中心包片兽医到场核查后转运到片区收贮点。

图7-20 养猪场病死猪暂存间

由专业化病死畜禽无害化处理场用专用运输车输送至无害化处理场，实行全程智能化监控。

（二）小型户收集申报

由养殖业主对死亡猪用裹尸袋进行打包处理，包装材料符合密闭、防水、防渗、防破损、耐腐蚀等要求，包装后进行密封，并对包装材料表面消毒。打包后运输到规定地点，通知无害化收集公司、保险公司、包片兽医及时到点核查后转运到片区收贮点。

二、运输流程

（一）现场勘察

万州区为病死畜禽无害化处理与保险联动试点区县，出台有《万州区病死猪无害化处理与保险联动机制建设试点工作实施方案（试行）》，在收集勘察中，坚持要求镇乡（街道）包片兽医、保险勘验员、收集人员，根据养殖环节病死猪体重或体长计算补助标准，严格按照各自职责进行监督、现场勘验、核对数量、测量动物体长或体重、拍照上传，填写《万州区病死畜禽集中无害化处理登记表》并由相关责任人签字确认，上传"重庆市畜禽无害化信息监管平台"（图7-21）。

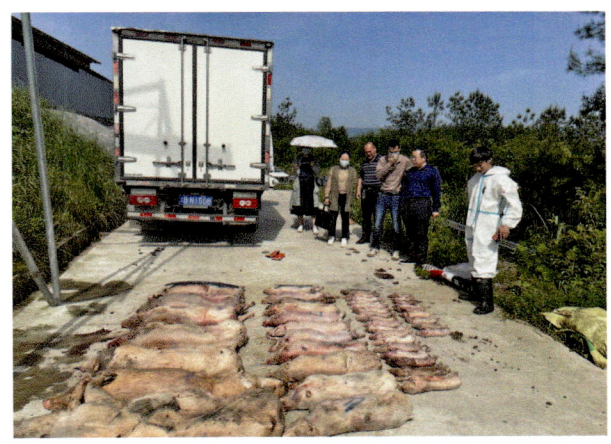

图7-21　病死猪现场核查

（二）转运运输

全区现落实专职运输人员 8 人，专用运输车辆 9 辆，跨区县转运车辆 1 辆，实行分区域集中收集（图 7-22）。现场勘验的病死猪全量收集装入专用运输车辆，车辆驶离暂存点、养殖等场所前，对车轮及车厢外部进行全面消毒。

运输车为封闭式厢式专用车，车厢四壁及底部使用耐腐蚀材料，并采取防渗措施。专用转运车辆加施有明显标识，加装有车载定位系统、视频监控系统，记录转运时间和路径等信息。

图 7-22　专用运输车辆

由专业化病死畜禽无害化处理场进行无害化处理。

（三）收贮系统

万州区实行分片区收贮转运，跨区域委托处理，全区现建设有片区收贮点 15 个，中转库 1 个，选址符合《动物防疫条件审查办法》规定的动物和动物产品无害化处理场所选址条件，同时符合密闭、防水、防渗、防鼠、防盗、耐腐蚀等要求，地面、墙壁光滑，易于清洗和消毒，场内地面硬化，便于消毒。配备有与收集量相适应的冷库、冲洗机、喷雾消毒机等设施设备，暂存点关键位置安装有监控设备，并接入监管部门监管系统，相关影像资料保存期不少于 30 天。

病死猪专用运输车辆将收集到的病死猪运输至辖区内就近的片区收贮点或中转库冷冻暂存（图7-23），待冷库储存容量达80%时，由专用冷藏转运车辆运输至开州无害化处理厂进行处理。

图7-23　城区中转库

三、处理环节

根据《病死动物无害化处理技术规范》（农医发〔2017〕25号）的相关要求，万州区委托的开州无害化处理厂主要采用湿化制法进行集中无害化处理，少部分自行处理养殖场通常采用焚烧法或掩埋法进行处置。专用转运车辆到达无害化处理厂后，由接收人员登记核对信息，将病死猪存入待处理库或直接处理。

（一）（湿）化制法

使用特殊的高温高压容器对病死猪及其相关产品进行处理的物理处理方法，视情况对死猪尸体进行破碎预处理，再将其送入高温高压容器（图7-24）。该过程可杀死病原体并将病死猪尸体转化为无害物质，或制作有机肥。

图 7-24　高温化制处理病死猪

(二) 焚烧法

使用特定的燃料和设备,通过高温热解处理技术,将病死猪尸体进行焚烧(图 7-25)。

图 7-25　焚烧法处理病死猪

(三) 掩埋法

按照相关规定,将动物尸体及相关动物产品投入化尸窖或掩埋坑中并覆盖、消毒,动物尸体及相关动物产品被发酵或分解。

四、监督管理

（一）落实无害化处理责任

万州区将生猪养殖场作为病死猪无害化处理第一责任人，切实担起主体责任，对病死畜禽及时报告并委托病死畜禽无害化处理厂（场）进行集中处理，严禁抛弃、收购、贩卖、屠宰、加工病死畜禽。镇乡（街道）人民政府按照"地方各级人民政府对本地区病死畜禽无害化处理负总责"的要求，积极落实好属地管理责任。区级农业农村主管部门对镇乡上报的数据进行审核汇总，对数据不合理的乡镇进行复查。病死猪无害化处理企业作为经营主体，严格执行国家法律法规，确保收集处理数量真实准确，确保工艺流程符合动物防疫条件和环保条件要求。

（二）强化无害化处理监管

万州区充分利用信息监管平台，借助"至为无害化"手机 App、PC 客户端、车载 GPS、车载及收贮点视频监控等硬件设施，对收集、入库、调运、处理等环节实现全流程痕迹化监管。主动加强过程监管，落实属地现场监管，强化收集入库监管，实现对收集入库闭环监管。聚焦大数据信息化统计，紧盯数据变化，动态关注养殖场处理信息，及时发现动物疫情并妥善处理，充分发挥无害化处理监管在动物疫病防控中的"哨兵"作用。

（三）病死猪无害化与保险联动

万州区坚持落实养殖环节无害化处理补助、保险理赔与无害化处理挂钩联动机制，以政府监管的集中无害化处理作为保险理赔的前置条件，定期核对无害化处理与理赔生猪数据，确保无害化处理量与保险理赔范围、理赔数量相吻合。真正发挥政策性农业保险"捆绑"生猪无害化处理的监督引导作用，形成养殖保险与病死猪无害化处理监督合力，有效推动畜牧产业发展。

第八章
万州区生猪生态养殖产业产学研结合的特色模式解析

万州区生猪产业发展历史悠久，在产业规模上长期位居重庆前列，在生猪产业科研及技术推广示范上有深厚的底蕴。同时，重庆市唯一一所市属涉农高校——重庆三峡职业学院坐落于万州，万州区生猪产业产学研协作具有深厚的基础和极大的发展优势。

万州区发展生猪生态养殖产业以来，围绕现代生猪产业，积极打造产学研结合发展模式，形成了教育链、产业链、科研链、创新链、人才链互容互促的闭环发展路径（图8-1），具有教育、科研、生产等不同社会分工，在功能与资源的协同化与集成化上优势明显。

重庆三峡职业学院围绕现代农业办学，是重庆市唯一一所市属涉农公办高校，学校创建于1936年，2003年由重庆市万县农业学校和重庆三峡农业机械学校合并组建，是首批中国特色高水平专业群建设单位、全国乡村振兴人才培养优质校、全国毕业生就业典型经验50强、教育部首批"1+X"证书制度试点院校、教育部首批"法国施耐德电气绿色低碳产教融合项目"建设单位、第46届世界技能大赛园艺项目中国集训基地、工业和信息化部产教融合专业合作建设试点单位、全国五四红旗团委等，累计为社会培养高素质技术技能人才 10 余万人。

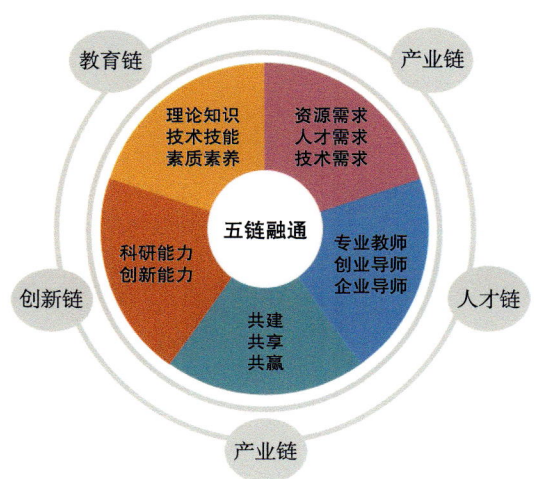

图 8-1　万州区"五链融通"协同发展模式

学校占地面积 800 余亩，拥有龙宝和沙龙两个校区，在校学生 15 000 余人。现有教职员工 670 余人，副高以上职称、博士等人才 170 余人，"双师型"教师占比 75% 以上，拥有国家级高层次人才 30 余人。学院科研实力雄厚，现有国家级团队 1 个，省部级科研创新平台 5 个，省部级团队 5 个。牵头组建中斯乡村振兴学院（斯里兰卡）、国家现代猪业产教融合共同体、中国生猪产业职业教育产学研联盟、成渝地区双城经济圈现代农业职教联盟等 30 余个国际国内平台。

重庆三峡职业学院动物科技学院是国家双高计划中国特色高水平专业群建设立项单位，现有畜牧兽医（国家级骨干专业、教育部现代学徒制试点专业、市级示范重点专业）、动物医学、动物防疫与检疫、动物药学、宠物医疗技术、宠物养护与驯导、水产养殖技术等特色专业，在校生人数 4 000 余人。现有专兼教师 100 余人，其中教授 6 人，博士 14 人，研究生学历共计 80 余人，拥有国家级团队 1 个，国家级人才 8 名。建有 12 000 m² 现代畜牧科技大楼，拥有现代生猪产业科技馆、动物疫病检测诊断中心、生猪大数据中心、智慧养殖示范教学中心、畜牧虚拟仿真实训中心、教学动物医院等一批生猪产业特色实训教学平台，仪器设备总值达5 000余万元。

自1958年以来，已培养近万名优秀毕业生。近五年学生就业率达98%以上，各级各类大赛成绩位居全国前列。学院已成为西南地区现代畜牧业技术技能人才培养的重要摇篮。

第一节　生产和教学结合情况

一、产教技术培训

为有力保障万州区生猪生态养殖产业发展，自2019年以来，万州区加大生猪产业相关培训，同时探索了产教融合方式的技术培训模式。

2019年举办了"新型职业农民培训——生猪生态养殖培训"，组建了两个生猪生态养殖培训班（图8-2），共连续培训15天，培训了万州区从事生猪生态养殖的业主和技术骨干人员，同时通过在线直播的形式对重庆三峡职业学院校内学生进行培训，线上线下共计500余人参与培训。此次，培训邀请了重庆市、万州区行业专家学者进行授课，让培训学员进一步提高了生猪生态养殖意识，提升了生产技术水平和经营水平，同时也提升了在校学生对现代生猪产业的理解和认识。

图8-2　2019年"生猪生态养殖培训班"

2020年举办了"高素质农民培训——万州区生猪生态养殖技术培训班",对万州区生猪生态养殖场业主和技术负责人进行了培训,邀请了重庆市、万州区行业专家学者就粪污异位发酵技术、生猪高效饲养管理等开展培训,同时通过在线直播的形式对重庆三峡职业学院校内学生进行培训,线上线下共计200余人参与培训(图8-3),此次培训提升了学员的环保意识,进一步推广了粪污异位发酵处理技术,也进一步厚植了在校学生的生态发展理念。

图8-3 2020年"异位发酵养猪技术班"

2021年举办了"万州区生猪生态养殖技术培训活动",在万州区龙沙镇、熊家镇、龙驹镇、恒合乡等6个乡镇先后开展技术培训,同时安排师生赴培训一线帮助农户解决技术问题,此次培训共历经30余天,培训农户200余人,进一步提升了万州区生猪规模化养殖和环保意识,解决农户技术问题100余个,学生得到了综合锻炼(图8-4)。

图8-4 2021年"生猪下乡培训"

2022年举办了"现代生猪产业技术培训"（图8-5），先后邀请国家生猪产业技术体系岗位科学家、全国知名行业专家等5人开展技术技能培训，将母猪深部输精、动物育种管理等技术带到了万州，共培训800余人次，为万州区生猪产业高素质技术技能型人才培养提供了保障。

图8-5　2022年"现代生猪产业技术培训"

2023年，针对万州区生态养猪的"碳钢网床+益生菌+异位发酵"技术模式，举办了"生猪生态养殖专题培训"（图8-6），邀请5名专家开展了生猪高产繁育技术、重庆生猪产业发展趋势及生态养殖模式构建、规模猪场节本增效与母猪饲养管理、猪场设施设备维护与保养等内容；邀请国际著名养猪与猪病防治专家E. Wayne Johnson博士开展题为"Diagnosis and Prevention Strategies"的培训（图8-6），为万州区防控猪常见流行病提供了解决方案。2023年累计培训行业从业人员近800人，培训受益学生1 300余人。

图8-6　2023年"生猪生态养殖专题培训"和外籍专家培训

二、产教实习实训

重庆三峡职业学院每年组织学生开展实习实训（图 8-7），自万州区启动百万头生猪生态养殖项目以来，先后在万州建立了 23 个校外实训基地，为万州区生猪产业输送了大量的实习生和毕业生，产业基地为学校培训达 10 000 余人次。

在实习过程中根据企业和学校人才培养要求，采用"双导师"管理制度，由学校老师和企业导师共同指导学生完成实习实训，在实习中按照猪场生产环节分为：种公猪饲养管理实习岗—后备公猪饲养管理实习岗—产房饲养管理实习岗—配怀母猪饲养管理实习岗—后备母饲养管理实习岗—保育猪饲养管理实习岗—育肥猪饲养管理实习岗—猪场兽医实习岗—猪场化验实习岗，共计 10 个岗位，学生进场实习后就由企业导师带领在 10 个岗位轮岗实习，每个岗位实习 2 周，每个岗位实习完成后由企业导师和校内导师考核同学们猪场实习情况，考核合格后进入下一岗位进行实习，如考核不合格，学生需留在本岗位继续开展第二次本岗位实习，直至实习合格后再进入下一岗位开展实习，有效地提升了学生的岗位适应能力，做到了学校和企业的无缝衔接，培养的学生毕业即可入职，入职即可上岗。

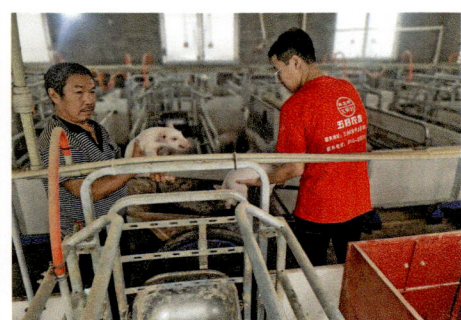

图 8-7　学生在猪场实习实训

三、产教技术服务

为服务万州区生猪产业发展，重庆三峡职业学院建立了"三峡动科

120"微信公众号,针对养殖关键技术问题定期推送文章以便养殖户学习,累计推送相关文章近百篇,订阅人数超过千人。公众号开通了技术咨询项目,养殖户可将生产中遇到的问题线上提问,专家在线及时解答,已累积开展线上技术咨询近万次。

重庆三峡职业学院以科技特派员群体为抓手,为生猪产业建立科技特派团,5年来累计派遣40余人次的国家级、市级、区级科技特派员,围绕生猪产业发展组建了"生猪健康养殖"乡村振兴服务团队,到村入户开展技术服务,累计开展技术服务1 000余次,师生联动3 000余人次(图8-8),组建的暑期"三下乡"乡村振兴服务团分别荣获全国优秀"三下乡"团队1次,重庆市优秀"三下乡"团队2次。

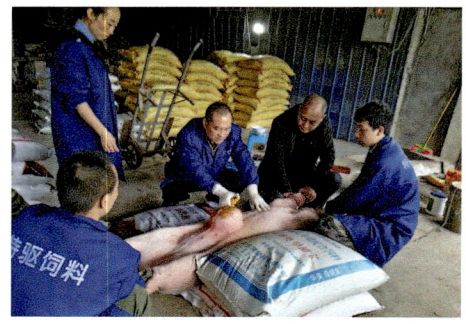

图8-8 师生联动开展技术服务

四、产教成果产出

为深入对接生猪全产业链,实现培养高素质复合型技术技能人才的专业群发展定位,重庆三峡职业学院畜牧兽医专业群的畜牧兽医、动物医学、动物防疫与检疫、动物药学 4 个专业分别服务于万州区生态养猪生产(猪场规划、种猪选育、饲养管理)、猪的疾病防治、猪肉产品加工与检疫、生态循环养殖等环节(图 8-9)。

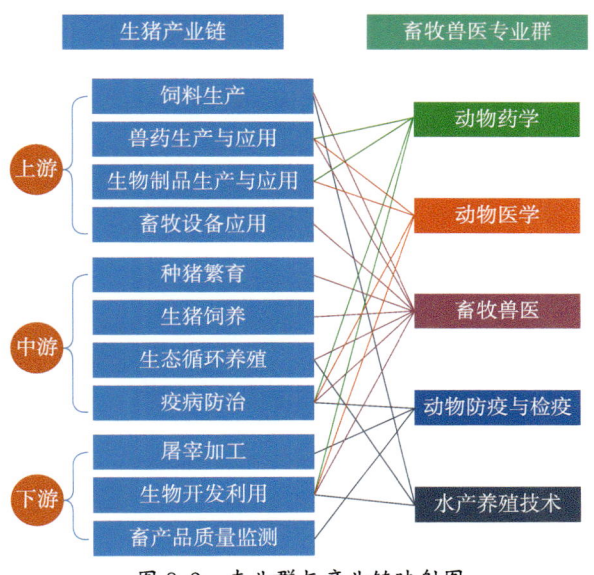

图 8-9 专业群与产业链映射图

基于与生猪产业链的对应,重庆三峡职业学院通过校企研三方共同研讨制定了《畜牧兽医专业群人才培养方案》,共同开发了畜牧兽医专业群特色课程体系,实施了"田间学院"特色人才培养模式;对接智能设备应用、生物安全防控等现代生猪产业岗位需求,建成底层共享课 11 门、中层融合课 20 门、高层拓展课 13 门、模块化课程 51 门;在万州区开展了家庭畜禽养殖 1+X 证书考核工作;建成了生猪产业省级专业教学资源库 1 个,形成了典型病例库 1 个、畜牧生产管理案例库 1 个、虚拟仿真教学软件 64 个;共同开发形成猪场标准化操作规程 SOP 6 套、智能设备操作管理规程 5 套、猪场专项技能操作规范 4 个;建成国家在线精品课程 1 门、国际认证课程 8 门,省级在线课程、一流课程 9 门,组建双元教材编写团队,编写新形态教材 24 部、电子教材 7 部,主编"十四五"国家规划教材 1 部、农村农业部"十四五"规划教材 8 部;立项国家职业教育教师创新团队 1 个;建成"一园一馆三中心"生猪产业特色实训平台，校企共建生猪养殖园、现代生猪产业科技馆、生猪大数据中心、动物疫病检测中心、动物诊疗中心；出版生猪产业前沿技术丛书《面向2035：中国生猪产业高质量发展关键技术系列丛书》1套（12本）（国家"十四五"重点图书）；组建"生猪生产健康养殖"等社会服务团7个，服务畜牧中小微企业514家，协助创建科技型企业22家；服务乡村振兴先进事迹，被中国政府网、中央电视台、人民日报等主流媒体报道30余次（图8-10）。

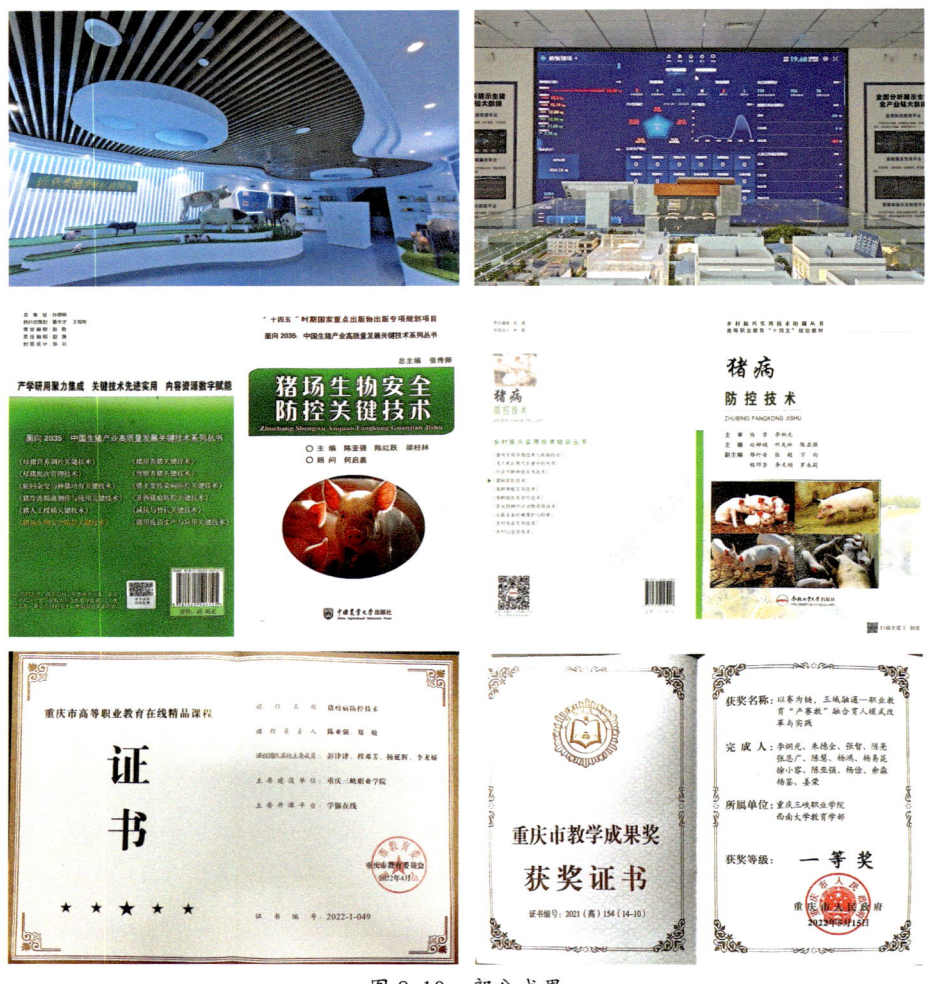

图 8-10　部分成果

第二节 生产和科研结合情况

一、生产驱动科研

百万头生猪生态养殖项目是万州区农业重大项目，采取"龙头企业＋村集体经济组织＋家庭农场"的经营模式，"碳钢网床＋益生菌＋异位发酵"的技术模式，已实现了100万头生猪产能。调研发现，万州区生猪产业发展有粪污发酵处理成本高、猪群死亡率高等问题，为有效解决万州生猪产业发展卡脖子问题，万州区采取了以下几个措施。

2020年，万州区政府与重庆市畜牧科学院、重庆三峡职业学院合作，建立重庆市畜牧科学院万州分院，专题研究万州生猪生态养殖模式。

2021年8月，万州区政府与重庆市畜牧科学院（国家生猪技术创新中心）签订合作协议，建立国家生猪技术创新中心万州分中心，开展生猪品种培育选育、饲料研发、疫病防控、智慧养殖，开展产学研工作。开展养殖废弃物处理研发，引进重庆农神集团建设20万t生物有机肥加工厂，确保万州生猪养殖有强有力的科技和技术团队支撑。

2021年4月，由万州区科技局发布万州区产业重点项目，重庆市畜牧科学院万州分院专家牵头，立项《生猪生态养殖饮用水余水处理技术研究》《猪生态养殖粪污全量收集处理工艺研究》《生猪疫病快速检测及防控技术应用研究》3个万州区重大项目，逐步完善了万州区生猪生态养殖"碳钢网床＋益生菌＋异位发酵"的技术模式，按照"源头控水减排、养殖场粪污全量收集异位发酵、发酵渗透液用作果园液态肥施用、养殖场发酵有机堆肥交农神集团有机肥厂生产商品生物有机肥"的思路，完善了万州区畜禽粪污资源化综合利用的技术模式。

二、科研带动产业

围绕万州区生猪产业发展，探索以科研带动助推产业发展模式，催生农业新质生产力，万州区先后引入国家生猪技术创新中心等国家级平台建立万州产业技术中心。联合重庆市畜牧科学院、重庆三峡职业学院组建重庆市畜牧科学院万州分院，共建"万州生猪产业协同创新研究院""重庆生猪产业创新学院"；成立重庆三峡有机农业生物工程研发中心，开展生猪生态养殖技术研发；引进中国工程院院士赵春江作为国家对接万州的"三区"科技人才，为提升全区生猪养殖提供信息化和智能化水平指导，全区生猪产业科技支撑体系日益强化，发展基础得到夯实。

同时，万州区先后立项了《基于宏基因组的猪粪污全量发酵微生物群落结构及功能研究》《三峡库区规模猪场粪污异位发酵关键技术研究与应用》等省部级课题20余个，形成了共研、共推、共促的发展格局。其中，生猪粪污异位发酵处理技术主要解决了粪污异位发酵处理中流程化、标准化的问题，制定了标准化操作手册，提升了养殖场近40%标准化率，并由重庆三峡职业学院牵头制定了重庆市地方标准《黑水虻处理猪粪技术规程》（图8-11）。

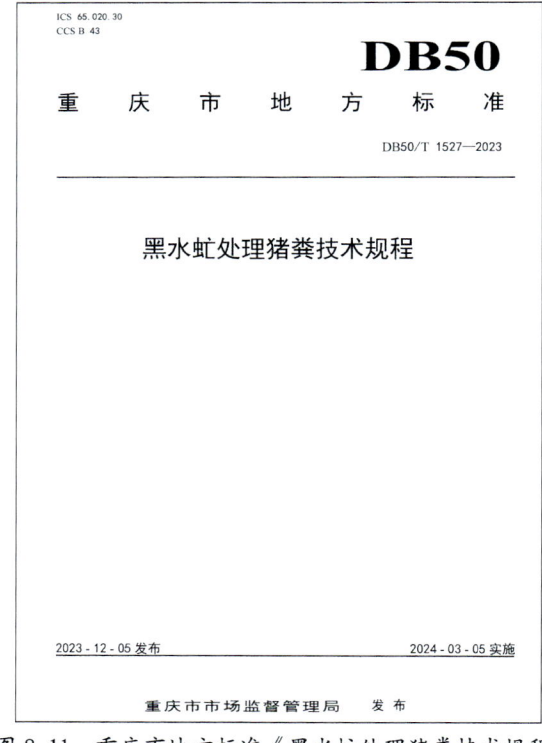

图 8-11 重庆市地方标准《黑水虻处理猪粪技术规程》

同时还实施了产业园畜禽粪污资源化利用技术推广项目、产业园智慧养殖场建设项目、万州区生猪粪（尿）发酵能力提升项目、万州区兽用抗菌药使用减量化行动建设项目等综合类项目（表8-1）。

表8-1　近5年来立项主要项目

项目名称	立项时间	项目来源
猪场排泄物有机循环前后对病原体的变化比较研究	2020年	重庆市教育委员会
生猪健康养殖关键技术	2020年	重庆市教育委员会
重庆市生猪产业技术体系创新团队	2020年	重庆市农业农村委员会
新型猪用微生态合生元饲料添加剂的应用与示范推广	2020年	重庆市农业农村委员会
以现代生猪产业需求为导向的畜牧兽医专业群人才培养体系建构与实践	2021年	重庆市教育委员会
青蒿素对动物微小隐孢子虫病感染疗效研究	2021年	重庆市教育委员会
生猪高效养殖技术创新与示范推广	2021年	重庆市农业农村委员会
万州区百万头生猪生态养殖关键技术集成与应用	2021年	重庆市科技局
溶酶体—线粒体轴介导细胞凋亡在高锌诱导猪肾损伤中的作用机制	2021年	重庆市科技局
生猪生态养殖饮用水余水处理技术研究	2021年	万州区科技局
猪生态养殖粪污全量收集处理工艺研究	2021年	万州区科技局
生猪疫病快速检测及防控技术应用研究	2021年	万州区科技局
万州区规模猪场高效繁育关键技术集成与应用	2021年	万州区科技局
三峡库区规模猪场粪污异位发酵关键技术研究与应用	2022年	重庆市教育委员会
基于宏基因组的猪粪污全量发酵微生物群落结构及功能研究	2022年	重庆市教育委员会
基于群链对接、标准引领，培养生猪产业高端技术技能人才"中国模式"研究与实践	2022年	重庆市教育委员会
产学研合作视域下高职涉农专业群与农业产业链耦合发展机制研究	2022年	重庆市教育委员会

(续表)

项目名称	立项时间	项目来源
渝东北猪主要呼吸道传染病流行病学调查与免疫效果评价	2022年	重庆市教育委员会
生猪规模化与散户养殖的肉质分析及其机制探讨	2022年	重庆市教育委员会
三峡库区仔猪腹泻优势灭活疫苗的研制	2022年	重庆市教育委员会
新型复合微生态制剂在生猪养殖中的研究与应用	2022年	重庆市教育委员会
基于共享数据的智慧猪场管理模式研究	2022年	重庆市教育委员会
育肥猪促生长方剂筛选及酶解提取工艺优化	2022年	重庆市教育委员会
小檗碱调控LPS诱导仔猪肠炎的肠道微生物非靶向代谢组学分析	2022年	重庆市教育委员会
基于代谢组学和网络药理学的令潴散治疗脾虚泄泻的机制研究	2022年	重庆市科技局
猪复方中药多糖免疫调节的研究及应用	2023年	重庆市教育委员会
高锌日粮对猪生长性能以及肾脏金属元素水平变化的影响	2023年	重庆市教育委员会
菌酶协同发酵玉米—杂粕型日粮的研究与应用	2023年	重庆市教育委员会

三、产研融合基地

为推动万州区生猪产业科研、推广、示范、教学相统一的产学研融合格局，由重庆三峡职业学院、重庆市万州区畜牧产业发展中心、重庆市畜牧科学院万州分院共同改建重庆市万州区高梁镇天鹅村原奇昌养猪场，建立了"重庆市畜牧科学院万州分院试验示范基地""重庆三峡职业学院生猪养殖示范基地"，共同开展科研、示范及教学活动。基地建成后，已先后开展粪污异位发酵、液态发酵饲料等科研试验，形成了技术性成果3个，产品性成果2个。联合开展的液态饲喂发酵饲料试验，选定实验场仔猪进行全面液态饲喂后，提高了仔猪群的生长性能、改善了消化、减少了抗营养因子和呼吸道疾病风险，每年仔猪育肥率提升1.8%，产生直接经济效益1 100余万元。基地已成为集科研创新、成果转化、技术示范、人才培养于一体的产教融合型实验基地,为万州区生猪产业健康发展提供了科研保障(图8-12)。

图 8-12 产教融合生产基地

为提高万州区生猪疫病防控水平,及时发现疫情风险,提升疫病免疫水平,重庆三峡职业学院与重庆万州德康农牧科技有限公司共建"生猪疫病监测中心"(图8-13),中心坐落在重庆三峡职业学院,拥有 600 m^2 生物安全二级实验室,配备了荧光定量PCR仪、数字PCR仪、全自动核酸提取仪、全自动酶标仪、全自动洗板机等价值近400万元仪器设备,开展非洲猪瘟、猪瘟、猪繁殖障碍与呼吸综合征、猪圆环病毒病等日常检测,每日检测样本量达2 000份次,提高了万州区生猪疫病预警能力,及时进行防疫干预,同比降低了合作企业近20%的发病率(图8-14)。

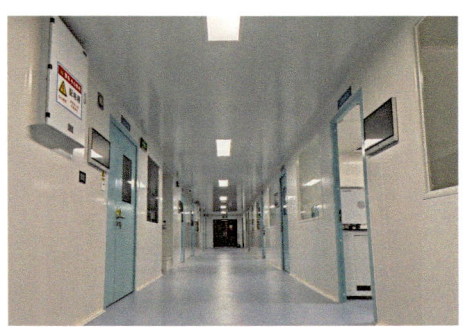

图 8-13 生猪疫病监测中心

图 8-14　共建教师企业实践锻炼流动站

第三节　教学和科研结合情况

一、科教融合模式

为进一步促进产教融合、科教融汇，构建了两种模式。

（一）人才共育模式

构建"三转化三协同"政校企人才共育模式，即学校教师、研究学者到企业进行实践锻炼，企业技工、学校教师到研究院进行科研攻关，研究学者、企业技工到学校进行外聘授课，在职务上互兼、在岗位上互聘、在实施上互动，实现协同创新、协同生产、协同育人，并开展学生三实（实训、实习、实践），即让学生在学校加强技能的实训，在行业和企业中加强生产实习和创新实践，最终教师获得高质量实践经历、高价值调研数据、扩大了相关行业友圈，学生获得高标准培养过程、高水平导师辅导、高起点职业资历，行业企业获得高质量人才培育、高准度人才供给、高水平专项攻关。截至目前，共同转化培养人才 89 人次，15 人次赴重庆市畜牧科学院顶岗挂职，聘请了国家产业体系刘作华、王金勇、何启盖、左之才、方仁东、黄勇、郭宗义等16名行业专家作为"产业教授",聘请了孙德林、袁昌定等14名行业专家作为"客座教授",建成省级教学科研团队4个(图8-15)。

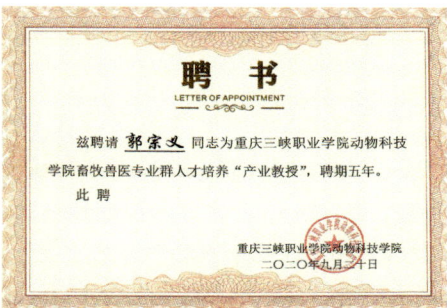

图 8-15　专家聘书

(二)学生培养定向、目标定位、职业定岗的培养模式

依托生猪疫病监测中心、重庆生猪产业协同创新研究院、正大生猪产业创新学院等科研服务、教育教学平台,与德康集团合作建立了"科研创新班"(图8-16),与正大集团开展现代学徒制培养,形成了学生培养定向、目标定位、职业定岗的培养模式。科研创新班主要以培养学生科研基本素养和技能为目标,结合万州区生猪产业科研课题以及教师承担的科研课题,为产业培养具备科研素养的行业人才,截至目前已培养50名科研助手,为万州德康培养了后备实验室检测人才13人;正大现代学徒制班(图8-16)主要以培养生猪生产一线场长为目标,结合重庆正大农牧食品

图 8-16　科研创新班和现代学徒制班

有限公司在重庆的生猪养殖产业布局，实现"招生招工一体化"，在校学生多次进入养殖场开展实习实训，截至目前已培养近 200 名学生，其中 70%留在合作企业就业，已有 10 余名学生在 5 年内成长为中高层管理人员。

二、科研赋能教学

科学研究是促进学教变革的有效途径，为实现科研与教学双向赋能，重庆三峡职业学院邀请重庆市畜牧科学院专家定期开展《现代畜牧业发展形势》《生猪智能化设备》《现代生猪繁育技术》《现代生猪饲料工业》等多场科研技术讲座，向学生传递科研动态（图 8-17）。如 2022 年 5 月，重庆市畜牧科学院王金勇研究员结合自身从事养猪研究 30 年的经验，讲授了生猪产业发展趋势、养猪设备现状、设备智能化趋势、智慧猪场解决方案；2023 年 6 月，重庆市畜牧科学院郭宗义研究员、张世华研究员，分别以《当前养猪形势与破局分析》《生猪产业创新政策与方向》为题，从生猪产业地位、现状与形势、存在问题、发展趋势以及应对策略等方面进行了分析；2023 年 12 月，重庆市畜牧科学院郭宗义、邱进杰、付利芝、张素辉、葛良鹏、丁玉春，重庆市畜牧产业发展中心闫修魁等 7 位专家开展生猪养殖讲座；2024 年 5 月，重庆市畜牧科学院王启贵教授、郭宗义研究员开展专业讲座，讲授了发挥地方畜禽品种资源的优势作用，推进特色畜牧业发展。

图 8-17　专家授课

基于科研与教学的相互合作，重庆市畜牧科学院万州分院、重庆三峡职业学院等合作单位共建产生多项成果，共研荣获了中国科技产业化促进会科技创新二等奖，出版了《种猪高效繁殖技术 200 问》专著，发表了以 "Distinct Gut Microbiome Induced by Different Feeding Regimes in Weaned Piglets" 为代表的 30 余篇论文，取得"一种仔猪高效哺乳装置及方法""一种提高哺乳仔猪生长发育的饲喂方法及装置"等 10 余项专利。同时，万州区区内高校、行业专家 70 余人在重庆畜牧兽医学会、重庆市畜牧业协会相继任职，其中副理事长、副秘书长等兼职管理 5 人，理事 10 余人，说明万州区畜牧产业发展和产学研合作得到了重庆市行业同行的认可。

第四节 产学研合作情况

一、搭建高水平平台

以重庆三峡职业学院国家"双高计划"中国特色高水平专业群建设为契机，整合重庆市畜牧科学院、万州区相关资源，由重庆三峡职业学院、重庆市畜牧科学院共同牵头，在 2020 年 12 月建立了"中国生猪产业职业教育产学研联盟"，目前联盟有 56 家全国农牧高等职业院校、48 家畜牧龙头企业、13 家科研院所，联盟连续举办了 3 届"中国生猪产业职业教育高峰论坛"，在全国形成了广泛的影响力。2023 年 12 月，在该产学研联盟的建设基础上，重庆三峡职业学院、国家生猪技术创新中心（重庆市畜牧科学院）、华中农业大学、猪业科学超级编辑部、牧原集团共同发起成立了"国家现代猪业产教融合共同体"，共同体举办了"第三届生猪产业智能化装备与数字化管理大会"、"首届畜牧类专业智能化养殖实践基地建设研讨会"等活动（图 8-18 至图 8-22）。

现代生猪生态养殖万州模式解析

图 8-18 成立产学研联盟

图 8-19 成立国家现代猪业产教融合共同体

图 8-20 举办"产学研融合创新发展论坛"

图 8-21 举办"生猪产业职业教育校长论坛"

图 8-22 举办"第三届生猪产业智能化装备与数字化管理大会"

通过高位推动、项目带动、人才互动，重庆三峡职业学院与重庆市畜牧科学院于 2020 年合作建立"重庆生猪产业协同创新研究院"。一方面联

第八章 万州区生猪生态养殖产业产学研结合的特色模式解析

合校企研三方共同开展企业生产所急需的中小科研创新，促进企业高效发展；另一方面通过协同创新，实现学校教师、企业技工、研究院学者的身份转化与互兼互聘。协同创新研究院下设五个中心（科研创新中心、应用技术推广中心、生猪大数据中心、动物疫病防控中心、畜牧智能化设备升级改造中心），聘请重庆市畜牧科学院专家担任协同创新研究院院长、副院长、首席研究员和执行研究员（图8-23，图8-24，图8-25）。

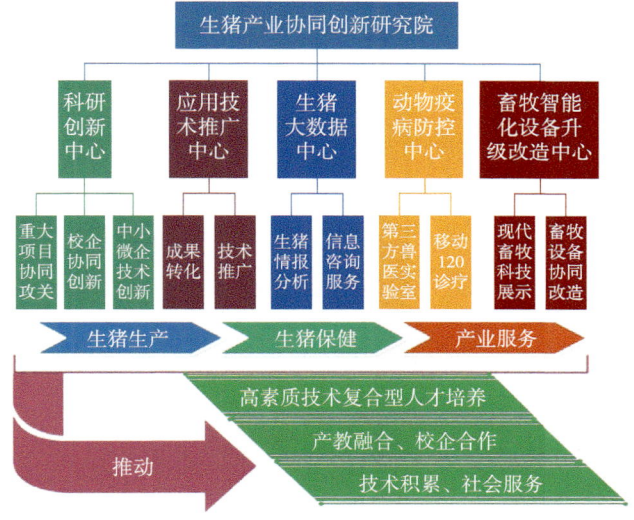

图8-23　生猪产业协同创新研究院架构

图8-24　成立生猪产业协同创新研究院

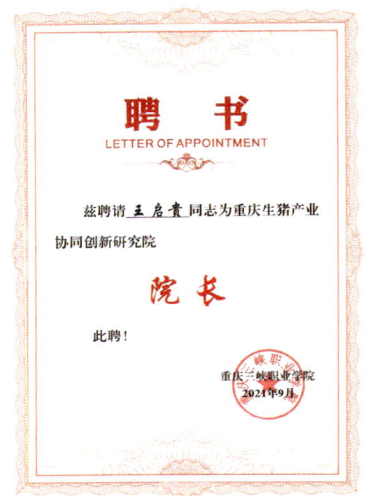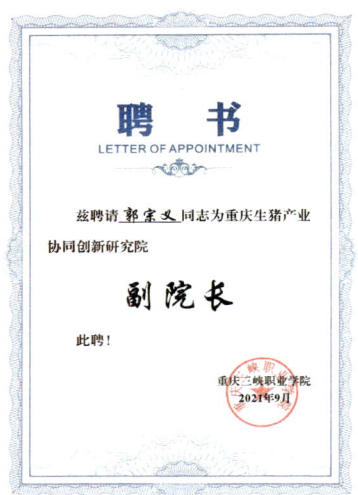

图 8-25　生猪产业协同创新研究院聘书

　　为实现人才的精准培养,在联盟框架下,重庆三峡职业学院与正大集团、重庆畜牧科学院等单位共同建立"现代生猪产业创新学院",2021年,该学院被重庆市教育委员会立项成为重庆市级产业学院,按照生猪产业链人才岗位需求,开发通用型岗位标准,精准培养高素质复合型技术人才,2023年组织了成渝地区双城经济圈职业院校服务数字乡村建设主题教研活动,截至目前,产业学院已培养优秀毕业生近千人(图8-26)。

图 8-26　组织成渝地区教研活动

二、形成高质量成果

通过产学研合作，万州区生猪产业得到快速稳定发展，2023年，万州区实现出栏生猪116.4万头，20万t生物有机肥厂、50万t饲料厂等项目竣工投产，生猪全产业链条构建形成。重庆市畜牧科学院万州分院运行稳定；重庆三峡职业学院建成了国家级高水平专业群畜牧兽医专业群，获得了76项国家级成果，部分成果得到了中国工程院院士印遇龙、陈焕春等知名专家的高度评价。

高层次人才方面，引进有生猪产业"国家万人计划"教学名师2人、国家产业体系岗位专家5人，全国技术能手1人，企业技术能手23人，培育农业农村部"名课名师"4人，构建了万州区生猪产业博士团队，团队成员含28名相关专业博士。

高水平团队方面，获批国家级职业教育教师创新团队（畜牧兽医教师团队）、重庆市教师教学创新团队、重庆市黄大年式教师团队、重庆市高校创新研究群体、重庆市生猪产业技术创新团队（万州试验站）、重庆市家禽产业技术创新团队（渝东北综合试验站）、万州区生猪产业创新团队、万州区第二批创新创业示范团队（山地芦花鸡高效饲养管理）等团队。

高标准基地方面，获批重庆市教育科研实验基地（农业职业教育赋能乡村教育振兴）（图8-27）、重庆市职业院校实训基地（生猪数智生态产教融合实训基地）、重庆市示范性虚拟仿真实训基地、家庭农场畜禽养殖1+X证书培训基地、巴渝工匠乡村驿站等基地，为万州区科研创新、实习实训提供了高标准的基地保障。

高级别成果方面，取得生猪产业相关的"十三五""十四五"国家规划教材2部、"十四五"国家重点图书1套、国家在线精品课程1门等在内的国家级奖项和荣誉13项，获得全国农牧渔业丰收奖三等奖，省部级科技进步奖三等奖2项，中国科技产业化促进会科技创新二等奖。

图 8-27 重庆市教育科研实验基地

 产学研结合典型案例

一、案例一：万州区生猪产业现状调研

为加快万州区生猪产业高质量发展，助推乡村振兴、发展农村经济，2022 年 10—12 月，万州区畜牧技术推广站委托重庆三峡职业学院，选派了 20 名学生赴区内重点规模化猪场，重点围绕万州区百万头生猪生态养殖项目开展实地调查、反复研讨、深入分析，形成调研报告。

（一）工作开展

为确保此次调查活动取得实效，2022 年 10 月 24—30 日，组织调查人员在重庆三峡职业学院动物科技学院开展相关培训（图 8-28，表 8-2）。

20 名学生分为 10 组赴万州区龙沙镇、甘宁镇、长岭镇、罗田镇、武陵镇、高梁镇、走马镇、九池乡 8 个乡镇的 10 个规模化养猪场开展调查（牧邦生态农业发展（重庆）有限公司、重庆润腾生态农业集团有限公司、重庆农臻农业集团有限公司、重庆市万州区鸿阔生猪养殖有限公司、重庆市万州区代代路养殖有限公司、重庆和厚农业开发有限公司、重庆熊万养殖有限公司、重庆阔祥农业开发有限公司、重庆富腚康养殖有限公司、万州区高粱镇壮壮生猪养殖场），同时每个调查组安排了指导老师负责全程指导。此次调查共调查了287个单元，涉及存栏生猪近13万头，母猪1.2万头。

图8-28　万州区生猪生态养殖技术培训会

表8-2　培训课程

日期	时间	培训内容	授课专家
10月24日	9:00—12:00	猪场建设特点	黄勇
	14:00—17:00	现代猪场养殖模式	郭宗义
10月25日	9:00—12:00	猪场粪污治理模式	袁昌定
10月26日	全天	万州区生猪产业发展现状	马秀云
10月27日	全天	猪场调研具体要求与方法	骆世军
10月28日	全天	万州区粪污异位发酵技术	林君
10月29日	全天	余水治理技术	李宁波
10月30日	全天	前期调研案例分析	李万文

（二）调研内容

1. 猪场建设

所有猪场设计分区均分为办公区域、生活区域、生产区域；养殖工艺均为单点全程饲喂；猪舍建筑形式为单层单栋，全封闭式，各猪舍赶猪通道及连廊为开放式；舍内通风模式均为纵向通风，有自动环境控制系统（风机＋水帘），均有温度监测传感器，主要依靠加热垫或保温灯进行局部保温；饲喂颗粒饲料，有自动料线和中转料仓；部分养殖场供料方式是自动料线＋手动料线，如重庆阔祥农业开发有限公司的分娩舍是手动料线（图8-29）。

图 8-29　部分猪场内部照片

2. 人员管理

猪场人员主要是由猪场规模决定，调查的10个猪场最多的有员工30人，最少有11人，平均每场员工数16.6人，男性平均10.8人，女性平均5.8人，男女比例约为2∶1，30岁以下平均4.2人，31～40岁平均3人，41～50岁平均5.9人，人员主要分为管理辅助人员和饲养人员，管理辅助人员每场平均2.3人，仅有牧邦生态农业发展（重庆）有限公司、重庆富腔康养殖有限公司、重庆万州区鸿阔生猪养殖有限公司、重庆熊万养殖有限公司具有本科学历的管理或技术人员，其余场均为专科及以下学历人员，畜牧兽医专业背景每场平均不足1人，饲养员多数非畜牧兽医或管理专业背景。

所有猪场人员工资结构主要为基本工资＋绩效工资，福利待遇有生产奖励、社会保险、节日生日补贴、卖猪补贴、加班补贴等；人员考核主要依据生产成绩、管理能力、饲养成本、考勤情况、重大贡献或生产事故和被采纳意见或建议。

3. 生产管理

所有猪场均采用了全进全出的生产模式，不同猪群采用分区管理，均自培后备母猪。在生产管理方面，所有猪场均有生产记录，多数主要为纸质记录，没有使用育种和生产管理软件，信息化程度较低；所有猪场均主要依靠人工进行母猪查情，多数查情是上下午各一次，查情辅助手段较少，没有使用查情宝等设备；多数猪场配种采用批次化管理，但批次生产频率不固定；多数猪场使用自产公猪精液，运用普通人工授精技术，仅有牧邦生态农业发展（重庆）有限公司、重庆熊万养殖有限公司开展过深部输精技术，情期配种次数为2~3次。猪场主要生产成绩见表8-3，猪场各阶段生猪饲喂情况见表8-4。

表8-3 所有猪场主要生产成绩

生产指标		参考标准	调查平均数据
情期受胎率（%）		97.94	97.50
配种分娩率（%）		94	95.12
平均产仔情况（头/胎）	总产仔数	15.1	14.11
	活仔数	13.61	12.32
	木乃伊胎数	0.15	0.08
	死胎数	0.71	0.67
	畸形数	0.12	0.11
年产胎次（胎）		2.52	2.49
PSY（头）		25.34	24.33
MSY（头）		20.43	18.21
哺乳猪成活率（%）		98.35	96.58
保育猪成活率（%）		96.94	93.28
生猪育肥猪成活率（%）		98.53	94.55

注：部分参考标准来源为《2021年全国猪业数据报告》中调查猪场前10%平均指标。

表8-4 所有猪场各阶段生猪饲喂情况

生产阶段	饲喂量（kg）	生产阶段	饲喂量（kg）
后备母猪	1.6~4.5	哺乳/断奶母猪	自由采食
妊娠母猪（前期）	1.8~2.3	哺乳仔猪	自由采食
妊娠母猪（中期）	2.4~2.9	保育仔猪	自由采食
妊娠母猪（后期）	3.0~4.0	生长育肥猪	自由采食

4. 用水管理

水源主要为自来水、水库水、深井水等，其中牧邦生态农业发展（重庆）有限公司、重庆和厚农业开发有限公司、重庆阔祥农业开发有限公司使用水库水，重庆农臻农业集团有限公司还采用部分深井水，其他猪场均采用自来水，所有水源均使用了增压泵进行增压处理，并使用漂白粉进行消毒，重庆和厚农业开发有限公司、重庆万州区鸿阔生猪养殖有限公司还配备有超滤设备进行过滤；所有猪场饮水器多采用饮水碗、乳头式饮水器和咬嘴式饮水器，所有饮水均不加热；饮水余水部分收集，部分进入污水系统；大部分猪场猪舍空栏后，仍使用管水直接冲洗或用传统冲洗机进行高压冲洗，只有重庆熊万养殖有限公司部分猪舍使用火焰消毒，重庆农臻农业集团有限公司除哺乳母猪舍外，其他猪舍直接清扫粪污用毛巾擦拭干净后用戊二醛、卫可喷雾进行消毒。

5. 粪污处理

所有猪场生猪粪污主要采用粪污异位发酵模式（图 8-30），辅料主要为锯末、糠壳，并添加益生菌，重庆富腚康养殖有限公司配比为 79% 的糠壳、20% 的锯末和 1% 的菌液，重庆万州区鸿阔生猪养殖有限公司配比为 70% 锯末、20% 糠壳、10% 菌液；粪尿收集主要通过机械刮粪方式收集，后将粪尿堆码到发酵场地进行发酵，期间使用翻抛机进行翻堆，翻堆频率为一天一次，大多数猪场没有配备通风系统，牧邦生态农业发展（重庆）有限公司、重庆富腚康养殖有限公司有通风系统为发酵供氧；多数猪场由于粪尿水分含量高，发酵效果不佳，重庆阔祥农业开发有限公司、重庆和厚农业开发有限公司将多余粪水进行了周围还田处理。

图 8-30　猪场进行粪污异位发酵

6. 疫病防控

大部分猪场地势高燥，仅重庆农臻农业集团有限公司、重庆万州区鸿阔生猪养殖有限公司地势处在低洼位置，所有猪场均有独立进场道路；除重庆和厚农业开发有限公司以外，所有猪场均在 500 m 范围内有住户或范围内有其他猪场；大部分猪场均设有独立洗消中心和烘干房，但较为简易；所有猪场出猪台为传统固定高度出猪台，没有中转出猪台，有完整的砖砌石灰实体围墙，饲料车运输饲料不进入场区内；所有猪场人员入场落实了入场检测、洗澡更衣等生物安全措施，物资耗材入场进行了脱包消毒；所有猪场场内日常消毒采用了带猪消毒，主要消毒剂为戊二醛、过硫酸氢钾（卫可）等，并记有消毒记录；所有猪场均有免疫程序和免疫记录，病死猪主要通过运输至无害化处理中心集中处理的方式。

7. 成本控制

所有猪场母猪每头每年需兽药成本 2.1~9.59 元，其中重庆农臻农业集团有限公司为 9.59 元/头，重庆熊万养殖有限公司为 2.1 元/头，消毒药成本 0.7~1.21 元/头，重庆农臻农业集团有限公司为 1.21 元/头，重庆熊万养殖有限公司为 0.7 元/头；人工成本 32~218 元/头，重庆农臻农业集团有限公司为 32 元/头，重庆阔祥农业开发有限公司为 218 元/头；电费成本 10.17~95 元/头；圈舍折旧 0.71~45 元/头；能繁母猪饲料消耗量 620~1 643 kg/头；仔猪落地成本 76~297.77 元/头，断奶仔猪成本 350~460.37 元/头。

（三）调研结论

本次调研的学生在猪场内进行了为期 1 个月的调研，总体来说调研数据较完备，但仍存在部分数据逻辑性不强，推敲不合理等情况，需要进一步对调研人员进行培训和强调，让调研人员充分认识到调研工作的客观、真实原则。

从调研的 10 个猪场的总体数据分析，猪场的建设较为规范，均是按照规模化养猪场相关标准进行建设，虽然大部分在生物安全管理方面还缺乏硬件设施，如隔离防鼠带、物资中转站等，但也较为完善，同时各个猪场的人员配备较为充足，均具备良好的生产运行条件。但仍存在很多问题，其中共性问题主要如下。

（1）饮水水压较高，部分杯式饮水器集水污染严重，且整体余水进入粪池量多，其中产房母猪产床由于没有余水收集管，此现象较为严重。

（2）产房料槽与饮水器距离近，料槽内陈料较多且易被打湿，容易使饲料发霉，滋生细菌，影响母猪健康。

（3）余水收集管易被污物、杂物堵塞，且不好清理。

（4）消毒后的烘干房只偶尔使用，消毒记录不完全。

（5）未有效使用益生菌饲料添加剂，猪场内气味较大。

（6）粪便易在网床钢筋漏缝地板中积累，清理粪便不甚及时。

（7）饲喂标准不甚合理，生物安全措施不甚完善。

（8）场内员工专业背景不强，投入培训培养力度不够。

解决建议如下。

（1）调整饮水水压，及时清理饮水器与余水收集管道，严格用水管理，尽量少用水冲洗圈舍。

（2）使用益生菌饲料添加剂，及时清理料槽，陈料最好做无害化处理，按照猪只个体体况与前日进食量调整饲料用量，及时清理网床粪污，尽量在地面少看到成块粪便。

（3）加强生物安全管理，围墙周围最好建立防鼠沟，围墙涂抹石灰保持相对光滑，安装防鸟网等设施，严格人员与车辆进出场管理，尤其严格落实物资进出生物安全机制。

（4）严格落实消毒制度，按照不同消毒目的选用合适的化学消毒剂，可多使用火焰消毒，定期更换消毒药，完善消毒记录。

（5）后备母猪应根据不同日龄和体况进行调整，并根据不同饲料的营养配方来确定饲喂量，轻易不更换饲料，一般来讲前期自由采食到 2.7~3.5 kg/天，后限饲到 2~3 kg/天确保发情和配种，然后先限饲后自由采食。

（6）加强人员培训，提高养殖场技术人员技术水平，落实专人负责数据统计与分析，进行成本精细核算，动态掌握场内生产情况。

二、案例二：万州区生猪死亡原因调查

据万州区畜牧产业发展中心反馈，2022年6月开始，万州生猪养殖出现哺乳仔猪、保育猪以及生长育肥猪死亡率较大的情况，一定程度影响了广大养殖户的养殖积极性和经济效益。为了摸清造成生猪较高死亡原因，快速解决高死亡率问题，万州区畜牧产业发展中心恳请重庆市畜牧科学院和重庆三峡职业学院，开展生猪死亡原因调查，为万州生猪产业健康发展把脉问诊。

接到万州区畜牧产业发展中心的相关应急需求，重庆市畜牧科学院会同重庆三峡职业学院，充分利用科研、教学和生产融合的优势，于2023年3月组建了由养猪生产经验丰富的科研专业人员和畜牧兽医专业教师构成的5人调研团队，深入一线开展调研调查工作（图8-31，图8-32）。

图8-31 调研团队现场查看环境温湿度

图8-32 调研团队现场了解产房仔猪健康情况

调研人员通过走访万州区畜牧产业发展中心，了解此轮养殖问题的大概情况，然后，深入生猪养殖龙头企业、生猪养殖大户，了解生产、管理、疫病防控相关信息，查找分析相关原因（图8-33，图8-34）。

调研人员深入重庆市万州区某农业开发有限公司现场查看，该公司位于重庆市万州区黄柏乡三坪村1组63号，总共6 159头，母猪525头，哺乳仔猪676头，断奶仔猪3 164头，育肥猪1 794头（2023.3.18数据）。通过查阅相关生产资料，发现近一年哺乳仔猪成活率92%，保育生长成活率91%。

走访另一重庆某生态农业有限公司，位于重庆市万州区龙沙镇马岩村4组，总共7 144头，母猪485头，哺乳仔猪1 398头，断奶仔猪1 427头，

育肥猪3 697头（2023.3.18数据）。生产资料显示，近一年哺乳仔猪成活率93%，保育生长猪成活率92.5%。

图8-33　调研团队与一线技术人员座谈交流　　图8-34　调研团队与管理人员深入交流

通过近1个月的现场调研调查，调研团队先后深入10多家养殖大户开展了走访工作，发现导致万州区生猪死亡的主要原因如下。

（一）饮水水质

现场发现，部分猪场饮水水源主要来自地表水，水颜色和浑浊度过高，没有经过严格的过滤除杂、絮凝沉淀和消毒处理，饮水水质不达标（图8-35）。

通过调研组抽样送检，结果显示微生物、寄生虫等指标不同程度超标，部分猪场饮水中大肠菌群数高达10^4个/L以上。

图8-35　万州区益标农业开发有限公司饮水

（二）生物安全

部分猪场动物控制存在漏洞，老鼠活动猖獗，饲料、饮水存在被老鼠污染的风险。

生活区座椅、生产区料槽、猪体身上等蚊虫多，存在交叉风险。

人员进出生产区、生活区、不同圈舍过程中，脚踏和洗手消毒执行不完全到位。

（三）环境控制

高温高湿季节，产仔舍环境温度高于27℃甚至30℃以上的时间较多，母猪采食量较低，影响猪群健康。保育舍为了保温，存在空气污浊、通风换气不良，影响猪群健康。

温度过高或过低、湿度过大、通风不畅等环境因素是导致猪只出现呼吸道、消化系统等疾病，增加急性心肺疾病、呼吸道疾病、胃肠出血等疾病的发病率的重要原因，甚至导致急性猝死。

（四）饲养管理

现场调研发现，部分猪场饲养管理不当，病弱猪与健康猪混合饲喂，病弱猪隔离、治疗、淘汰不及时，增加了病原微生物在猪场的载量。部分母猪性情不温和、护仔性差，初生仔猪个小体弱，行动不便，反应慢等，是导致哺乳仔猪死亡的原因之一。

部分保育生长育肥猪管理不善，保育猪如果饲养条件差，密度大，会导致空气质量不好，部分猪只抢食抢不到，弱猪增加，增加了仔猪患病风险。如疫苗免疫和药物保健不到位，也可能导致死亡率升高。

（五）疾病原因

部分猪场出现产房仔猪腹泻，导致较高死亡率，调研人员采样检测发现，猪场存在轮状病毒感染情况。

部分猪场临床上有蓝耳病和圆环病毒病症状，抽样检测显示部分样品有猪繁殖与呼吸综合征病毒野毒感染。猪繁殖与呼吸综合征可以诱发急性肺损伤，表现为肺出血、肺水肿和大量炎性细胞浸润，是导致保育猪高死亡率的重要原因之一。

部分猪场反应有急性传染性胸膜肺炎、急性猪丹毒、营养性肝坏死、中暑、急性胃溃疡、急性肠扭转、中毒等疾病发生，这些也可能导致猪只急性死亡。

通过专家团队深入调查、调研，利用科研院校先进的实验室检测条件，开展猪病实验室检测，结合丰富的生产经验，充分发挥产、研、教融合一体优势，科学分析生猪死亡原因，针对上述原因，制订了科学高效的综合防控方案，包括改善饲养管理、提供适宜的环境条件、确保饲料营养全面、及时进行疫苗免疫和药物保健。

在相关方案落地实施 2 个月后，问题猪场成活率低问题逐渐得到解决，万州生猪养殖猪群健康逐步恢复正常。